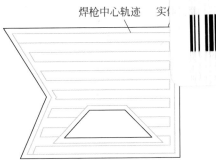

图 3-19 *AB* 段切片平面路径规划

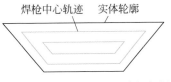

图 3-20 *BC* 段切片平面路径规划

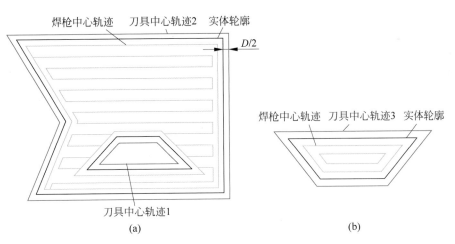

(a)

(b)

图 3-21 轮廓偏置及刀具中心轨迹图

(a) *AB* 段某切片；(b) *BC* 段某切片

智能制造系列教材

增材制造技术

ADDITIVE MANUFACTURING
TECHNOLOGY

史玉升 编

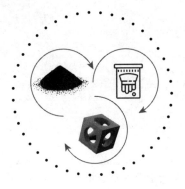

清华大学出版社
北京

图书在版编目(CIP)数据

增材制造技术/史玉升编.—北京:清华大学出版社,2023.12
智能制造系列教材
ISBN 978-7-302-64949-6

Ⅰ.①增… Ⅱ.①史… Ⅲ.①快速成型技术—教材 Ⅳ.①TB4

中国国家版本馆 CIP 数据核字(2023)第 232811 号

责任编辑:刘　杨
封面设计:李召霞
责任校对:薄军霞
责任印制:沈　露

出版发行:清华大学出版社
　　　　网　　址:https://www.tup.com.cn,https://www.wqxuetang.com
　　　　地　　址:北京清华大学学研大厦 A 座　　　邮　　编:100084
　　　　社 总 机:010-83470000　　　　　　　　　邮　　购:010-62786544
　　　　投稿与读者服务:010-62776969,c-service@tup.tsinghua.edu.cn
　　　　质量反馈:010-62772015,zhiliang@tup.tsinghua.edu.cn
印 装 者:三河市天利华印刷装订有限公司
经　　销:全国新华书店
开　　本:170mm×240mm　　印张:8.75　　插页:1　　字　　数:176 千字
版　　次:2023 年 12 月第 1 版　　　　　　　　　印　　次:2023 年 12 月第 1 次印刷
定　　价:30.00 元

产品编号:088950-01

智能制造系列教材编审委员会

多年前人们就感叹,人类已进入互联网时代;近些年人们又惊叹,社会步入物联网时代。牛津大学教授舍恩伯格(Viktor Mayer-Schönberger)心目中大数据时代最大的转变,就是放弃对因果关系的渴求,转而关注相关关系。人工智能则像一个幽灵徘徊在各个领域,兴奋、疑惑、不安等情绪分别蔓延在不同的业界人士中间。今天,5G的出现使得作为整个社会神经系统的互联网和物联网更加敏捷,使得宛如社会血液的数据更富有生命力,自然也使得人工智能未来能在某些局部领域扮演超级脑力的作用。于是,人们惊呼数字经济的来临,憧憬智慧城市、智慧社会的到来,人们还想象着虚拟世界与现实世界、数字世界与物理世界的融合。这真是一个令人咋舌的时代!

但如果真以为未来经济就"数字"了,以为传统工业就"夕阳"了,那可以说我们就真正迷失在"数字"里了。人类的生命及其社会活动更多地依赖物质需求,除非未来人类生命形态真的变成"数字生命"了,不用说维系生命的食物之类的物质,就连"互联""数据""智能"等这些满足人类高级需求的功能也得依赖物理装备。所以,人类最基本的活动便是把物质变成有用的东西——制造!无论是互联网、物联网、大数据、人工智能,还是数字经济、数字社会,都应该落脚在制造上,而且制造是其应用的最大领域。

前些年,我国把智能制造作为制造强国战略的主攻方向,即便从世界上看,也是有先见之明的。在强国战略的推动下,少数推行智能制造的企业取得了明显效益,更多企业对智能制造的需求日盛。在这样的背景下,很多学校成立了智能制造等新专业(其中有教育部的推动作用)。尽管一窝蜂地开办智能制造专业未必是一个好现象,但智能制造的相关教材对于高等院校与制造关联的专业(如机械、材料、能源动力、工业工程、计算机、控制、管理……)都是刚性需求,只是侧重点不一。

教育部高等学校机械类专业教学指导委员会(以下简称"机械教指委")不失时机地发起编著这套智能制造系列教材。在机械教指委的推动和清华大学出版社的组织下,系列教材编委会认真思考,在2020年新型冠状病毒感染疫情正盛之时进行视频讨论,其后教材的编写和出版工作有序进行。

编写本系列教材的目的是为智能制造专业以及与制造相关的专业提供有关智能制造的学习教材,当然教材也可以作为企业相关的工程师和管理人员学习和培训之用。系列教材包括主干教材和模块单元教材,可满足智能制造相关专业的基础课和专业课的需求。

主干教材,即《智能制造概论》《智能制造装备基础》《工业互联网基础》《数据技术基础》《制造智能技术基础》,可以使学生或工程师对智能制造有基本的认识。其中,《智能制造概论》教材给读者一个智能制造的概貌,不仅概述智能制造系统的构成,而且还详细介绍智能制造的理念、意识和思维,有利于读者领悟智能制造的真谛。其他几本教材分别论及智能制造系统的"躯干""神经""血液""大脑"。对于智能制造专业的学生而言,应该尽可能必修主干课程。如此配置的主干课程教材应该是本系列教材的特点之一。

本系列教材的特点之二是配合"微课程"设计了模块单元教材。智能制造的知识体系极为庞杂,几乎所有的数字-智能技术和制造领域的新技术都和智能制造有关,不仅涉及人工智能、大数据、物联网、5G、VR/AR、机器人、增材制造(3D打印)等热门技术,而且像区块链、边缘计算、知识工程、数字孪生等前沿技术都有相应的模块单元介绍。本系列教材中的模块单元差不多成了智能制造的知识百科。学校可以基于模块单元教材开出微课程(1学分),供学生选修。

本系列教材的特点之三是模块单元教材可以根据各所学校或者专业的需要拼合成不同的课程教材,列举如下。

♯课程例 1——"智能产品开发"(3 学分),内容选自模块:

➢ 优化设计
➢ 智能工艺设计
➢ 绿色设计
➢ 可重用设计
➢ 多领域物理建模
➢ 知识工程
➢ 群体智能
➢ 工业互联网平台

♯课程例 2——"服务制造"(3 学分),内容选自模块:

➢ 传感与测量技术
➢ 工业物联网
➢ 移动通信
➢ 大数据基础
➢ 工业互联网平台
➢ 智能运维与健康管理

♯课程例 3——"智能车间与工厂"(3 学分),内容选自模块:

➢ 智能工艺设计
➢ 智能装配工艺

➢ 传感与测量技术

➢ 智能数控

➢ 工业机器人

➢ 协作机器人

➢ 智能调度

➢ 制造执行系统(MES)

➢ 制造质量控制

总之,模块单元教材可以组成诸多可能的课程教材,还有如"机器人及智能制造应用""大批量定制生产"等。

此外,编委会还强调应突出知识的节点及其关联,这也是此系列教材的特点。关联不仅体现在某一课程的知识节点之间,也表现在不同课程的知识节点之间。这对于读者掌握知识要点且从整体联系上把握智能制造无疑是非常重要的。

本系列教材的编著者多为中青年教授,教材内容体现了他们对前沿技术的敏感和在一线的研发实践的经验。无论在与部分作者交流讨论的过程中,还是通过对部分文稿的浏览,笔者都感受到他们较好的理论功底和工程能力。感谢他们对这套系列教材的贡献。

衷心感谢机械教指委和清华大学出版社对此系列教材编写工作的组织和指导。感谢庄红权先生和张秋玲女士,他们卓越的组织能力、在教材出版方面的经验、对智能制造的敏锐性是这套系列教材得以顺利出版的最重要因素。

希望本系列教材在推进智能制造的过程中能够发挥"系列"的作用!

2021 年 1 月

　　制造业是立国之本,是打造国家竞争能力和竞争优势的主要支撑,历来受到各国政府的高度重视。而新一代人工智能与先进制造深度融合形成的智能制造技术,正在成为新一轮工业革命的核心驱动力。为抢占国际竞争的制高点,在全球产业链和价值链中占据有利位置,世界各国纷纷将智能制造的发展上升为国家战略,全球新一轮工业升级和竞争就此拉开序幕。

　　近年来,美国、德国、日本等制造强国纷纷提出新的国家制造业发展计划。无论是美国的"工业互联网"、德国的"工业4.0",还是日本的"智能制造系统",都是根据各自国情为本国工业制定的系统性规划。作为世界制造大国,我国也把智能制造作为推进制造强国战略的主攻方向,并于2015年发布了《中国制造2025》。《中国制造2025》是我国全面推进建设制造强国的引领性文件,也是我国实施制造强国战略的第一个十年的行动纲领。推进建设制造强国,加快发展先进制造业,促进产业迈向全球价值链中高端,培育若干世界级先进制造业集群,已经成为全国上下的广泛共识。可以预见,随着智能制造在全球范围内的孕育兴起,全球产业分工格局将受到新的洗礼和重塑,中国制造业也将迎来千载难逢的历史性机遇。

　　无论是开拓智能制造领域的科技创新,还是推动智能制造产业的持续发展,都需要高素质人才作为保障,创新人才是支撑智能制造技术发展的第一资源。高等工程教育如何在这场技术变革乃至工业革命中履行新的使命和担当,为我国制造企业转型升级培养一大批高素质专门人才,是摆在我们面前的一项重大任务和课题。我们高兴地看到,我国智能制造工程人才培养日益受到高度重视,各高校都纷纷把智能制造工程教育作为制造工程乃至机械工程教育创新发展的突破口,全面更新教育教学观念,深化知识体系和教学内容改革,推动教学方法创新,我国智能制造工程教育正在步入一个新的发展时期。

　　当今世界正处于以数字化、网络化、智能化为主要特征的第四次工业革命的起点,正面临百年未有之大变局。工程教育需要适应科技、产业和社会快速发展的步伐,需要有新的思维、理解和变革。新一代智能技术的发展和全球产业分工合作的新变化,必将影响几乎所有学科领域的研究工作、技术解决方案和模式创新。人工智能与学科专业的深度融合、跨学科网络以及合作模式的扁平化,甚至可能会消除某些工程领域学科专业的划分。科学、技术、经济和社会文化的深度交融,使人们可以充分使用便捷的软件、工具、设备和系统,彻底改变或颠覆设计、制造、销售、服务和消费方式。因此,工程教育特别是机械工程教育应当更加具有前瞻性、创新性、开放性和多样性,应当更加注重与世界、社会和产业的联系,为服务我国新的"两步走"宏伟愿景做出更大贡献,为实现联合国可持续发展目标发挥关键性引领作用。

需要指出的是,关于智能制造工程人才培养模式和知识体系,社会和学界存在多种看法,许多高校都在进行积极探索,最终的共识将会在改革实践中逐步形成。我们认为,智能制造的主体是制造,赋能是靠智能,要借助数字化、网络化和智能化的力量,通过制造这一载体把物质转化成具有特定形态的产品(或服务),关键在于智能技术与制造技术的深度融合。正如李培根院士在丛书序1中所强调的,对于智能制造而言,"无论是互联网、物联网、大数据、人工智能,还是数字经济、数字社会,都应该落脚在制造上"。

经过前期大量的准备工作,经李培根院士倡议,教育部高等学校机械类专业教学指导委员会(以下简称"机械教指委")课程建设与师资培训工作组联合清华大学出版社,策划和组织了这套面向智能制造工程教育及其他相关领域人才培养的本科教材。由李培根院士和雒建斌院士、部分机械教指委委员及主干教材主编,组成了智能制造系列教材编审委员会,协同推进系列教材的编写。

考虑到智能制造技术的特点、学科专业特色以及不同类别高校的培养需求,本套教材开创性地构建了一个"柔性"培养框架:在顶层架构上,采用"主干教材+模块单元教材"的方式,既强调了智能制造工程人才必须掌握的核心内容(以主干教材的形式呈现),又给不同高校最大程度的灵活选用空间(不同模块教材可以组合);在内容安排上,注重培养学生有关智能制造的理念、能力和思维方式,不局限于技术细节的讲述和理论知识的推导;在出版形式上,采用"纸质内容+数字内容"的方式,"数字内容"通过纸质图书中列出的二维码予以链接,扩充和强化纸质图书中的内容,给读者提供更多的知识和选择。同时,在机械教指委课程建设与师资培训工作组的指导下,本系列书编审委员会具体实施了新工科研究与实践项目,梳理了智能制造方向的知识体系和课程设计,作为规划设计整套系列教材的基础。

本系列教材凝聚了李培根院士、雒建斌院士以及所有作者的心血和智慧,是我国智能制造工程本科教育知识体系的一次系统梳理和全面总结,我谨代表机械教指委向他们致以崇高的敬意!

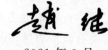

2021 年 3 月

前言

PREFACE

增材制造技术是一项集机械、材料、计算机、控制、光电、信息等学科于一体的智能制造技术,它包括 3D 打印(三维几何空间:$X+Y+Z$)、4D 打印(3D 打印+时空)、5D 打印(4D 打印+生命)、6D 打印(5D 打印+意识)等。3D 打印可成形任意复杂形状的结构/功能构件,4D 打印可成形可控的智能构件,5D 打印可成形可控的生命器官,6D 打印可成形可控的智慧物体。

增材制造技术的优势在于突破了传统制造技术在材料、尺度、结构、功能、智能、生命、智慧等方面的复杂性,对各行各业必将带来深远的影响。从理论上来说,增材制造技术可成形任何材料、可成形任何物体、可应用于任何领域。相较于传统制造技术,增材制造技术对制造业创新的意义主要体现在:提供创新的原动力,提升工艺能力,实现绿色可持续发展,催生新的制造模式,创造智能构件、生命器官和智慧物体等。

增材制造技术通过逐层堆积的方式将粉材、丝材、液材和片材等各种形态的材料成形为三维实体,其发展虽然只有 30 余年,但其在复杂结构/功能构件的3D 打印快速制造、个性化定制等方面已显示出明显优势,因而受到各国、各行各业的高度重视。但是,该技术发展并不成熟,新工艺、新材料、新装备不断涌现,为了更深入地研究增材制造技术并将其推广应用,培养这方面的科技人才,由本人牵头组织了一批国内长期从事增材制造技术研究和教学的科研人员,综合了国内外相关研究成果,撰写了"智能制造系列丛书"中的《增材制造技术》一书,该丛书入选"十三五"国家重点图书出版规划项目,并获得国家出版基金资助,由清华大学出版社出版。撰写人员(按姓氏笔画排序)包括于君、文世峰、石世宏、朱文志、闫春泽、汤铭锴、李中伟、李宗安、李昭青、李涤尘、杨继全、连芩、肖峻峰、余圣甫、宋波、张李超、张鸿海、林峰、林鑫、周燕、庞盛永、钟凯、夏丹、舒霞云、魏青松。

随后,清华大学出版社又邀请本人牵头编写"智能制造系列教材"中的模块单元教材《增材制造技术》。为此,我对上述《增材制造技术》专著进行了精简和改编,在每章后面又增加了思考题,以适应学生的学习要求。所以本教材也凝聚了全国有关专家的智慧。在此,对他们表示衷心的感谢!

由于本书涉及多学科交叉的前沿新技术,书中难免有疏漏之处,恳请广大读者批评指正!

史玉升

2022 年 6 月

目录
CONTENTS

第1章

增材制造技术概述

1.1 增材制造技术的内涵

增材制造(additive manufacturing,AM)依据设计的三维 CAD 模型数据,通过数字驱动逐层堆积的方式将粉材、丝材、液材和片材等各种形态的材料成形为三维实体。

自 20 世纪 80 年代开始,增材制造技术逐步发展,其间也被称为材料累加制造(material increase manufacturing)、快速原型(rapid prototyping)、分层制造(layered manufacturing)、实体自由制造(solid free-form fabrication)、三维喷印(3D printing)等。在我国早期,称为快速原型制造、快速成形、快速制造或快速成形制造等,各种各样的叫法分别从不同侧面表达了该技术的特点。

从加工过程材料的变化角度来看,制造技术可分为以下三种形式:

(1)等材制造。如铸造、锻压、冲压、注塑等方法,主要是利用模具控形,将液体或固体材料成形为满足设计结构和性能的构件。

(2)减材制造。一般是指利用刀具或电化学方法,去除毛坯中不需要的材料,剩下的部分即是满足设计结构和性能的构件。

(3)增材制造。利用粉材、丝材、液材和片材等形状的材料,通过某种方式逐层堆积成形复杂结构和性能的物体。

等材制造中的铸造工艺有 3000 多年历史,减材制造中的切削加工有 300 多年历史,增材制造中的 3D 打印仅有 30 多年的历史。

增材制造具有明显的数字化智能化特征,其工作过程可以分为如下两个阶段:

(1)数据处理过程。对三维 CAD 模型进行平面或曲面分层"切片"处理,将三维 CAD 数据分解为若干二维数据。

(2)叠层制作过程。依据分层的二维数据,采用某种工艺制作与数据分层厚度相同的薄片实体,将每层薄片叠加起来,构成三维实体,从而实现从二维薄层到三维实体的成形。

　　从数学角度来看,数据从三维到二维是一个"微分"过程,数据从二维薄层叠加成三维实体是一个"积分"过程。由于增材制造工艺将三维复杂结构降为二维结构进行叠层成形,降低了成形维度,所以其在成形复杂结构(如栅格、内流道等)方面较传统方法具有突出的优势。

　　采用增材制造技术,人们可以发挥最大的想象力,创造出各种各样的成形方法。例如,利用光化学反应原理,研发出光固化成形方法;利用叠纸切割的物理方法,研发出叠层实体制造方法;利用喷胶黏结方法,研发出三维喷印成形方法;利用金属熔焊原理,研发出金属熔覆成形方法等。上述多种成形方法表明,增材制造技术已从传统制造技术向多学科融合发展,物理、化学、生物和材料等新技术的发展给增材制造技术注入新的生命力。增材制造给制造业带来巨大的变革,有可能彻底改造传统的制造模式,使得人人都可能成为设计者、创造者和制造者。

　　增材制造技术的发展历程和特点见图1-1。

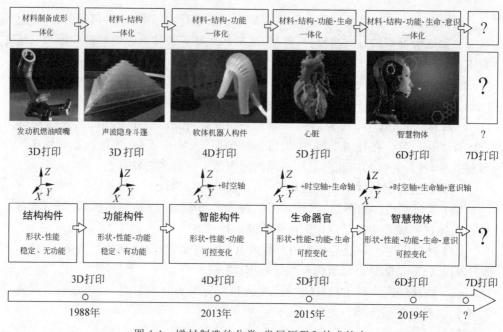

图 1-1　增材制造的分类、发展历程和技术特点

1.2　增材制造技术产生的背景

　　第一阶段,思想萌芽。增材制造技术的核心思想最早起源于美国。早在1892年,美国的 Blanther 就在其专利中提出利用分层法制作地形图;1902 年,美国的 Carlo Baese 在一项专利中提出用光敏聚合物分层制造塑料件的原理;1940 年,美

国的 Perera 提出切割硬纸板并逐层黏结成三维地图的方法。直到 20 世纪 80 年代中后期,增材制造技术才开始了根本性发展,出现了一大批专利,仅在 1986—1998 年注册的美国专利就达到 20 多项。但这期间增材制造仅仅停留在设想阶段,大多还是一个概念,并没有付诸应用。

第二阶段,技术诞生。标志性成果是五种主流增材制造技术的发明。1986 年,美国 Uvp 公司的 Charles W. Hull 发明了立体光固化成形(stereo-lithography apparatus,SLA)技术;1988 年,美国的 Feygin 发明了叠层实体制造(laminated object manufacturing,LOM)技术;1989 年,美国德州大学的 Deckard 发明了激光选区烧结(selective laser sintering,SLS)技术;1992 年,美国 Stratasys 公司的 Crump 发明了熔融沉积成形(fused deposition modeling,FDM)技术;1993 年,美国麻省理工学院(Massachusetts Institute of Technology,MIT)的 Sachs 发明了三维喷印(three-dimensional printing,3DP)技术。

第三阶段,装备推出。1988 年,美国 3D Systems 公司根据 Hull 的专利,制造出第一台增材制造装备 SLA250,开创了增材制造技术发展的新纪元。在此后的 10 年,增材制造技术蓬勃发展,涌现出 10 余种新工艺和相应的成形装备。1991 年,美国 Stratasys 公司的 FDM 装备、Cubital 公司的实体平面固化(solid ground curing,SGC)装备和 Helisys 公司的 LOM 装备都实现了商业化。1992 年,美国 DTM 公司(现属于 3D Systems 公司)的 SLS 装备研制成功。1994 年,德国 EOS 公司推出 EOSINT 型 SLS 装备。1996 年,3D Systems 制造出第一台 3DP 装备 Actua2100。同年,美国 Zcorp 公司也发布了 Z402 型 3DP 装备。总体上,美国在增材制造装备研制和生产销售方面占全球的主导地位,其发展水平及趋势基本代表了世界增材制造技术的发展历程。另外,欧洲和日本也不甘落后,纷纷进行了相关技术研究和装备研制。

第四阶段,应用推广。随着材料、工艺和装备的日益成熟,增材制造技术的应用范围由模型和原型制作进入产品制造阶段。早期增材制造技术由于材料种类和工艺水平的限制,主要应用于模型和原型制作,如制作新型手机外壳模型等,因而被称为快速原型制造技术(rapid prototyping,RP)。

第五阶段,4D 打印诞生。4D 打印的概念最初是由美国麻省理工学院的 Tibbits 教授在 2013 年的 TED(technology,entertainment,design)大会上提出,他将一个 3D 打印制备的软质细长圆柱体放入水中,该物体自动折成"MIT"的形状,这一形状改变的演示即是 4D 打印技术的开端,随后掀起了研究 4D 打印的热潮。4D 打印在提出时被定义为"3D 打印+时间",即 3D 打印的构件,随着时间的推移,在外界环境的刺激(如热能、磁场、电场、湿度和 pH 值等)下,能够自动地发生形状的改变。由此可见,最初的 4D 打印概念主要体现在现象演示方面,注重的是构件形状的改变,并且认为 4D 打印是智能材料的 3D 打印,关键要在 3D 打印中应用智能材料。随着研究的深入,4D 打印的概念和内涵也在不断演变和深化。2017 年,华中科技大学的史玉升教授组织国内的有关专家,在武汉召开了第一届 4D 打印技术学术研讨会,提出 4D 打印的内涵,即增材制造构件的形状、性能和功能能够在外界预定的刺激(热能、水、光、pH 值等)下,随时间发生变化,推动了 4D 打印技术由概念向内涵方向发展。相较于最初的 4D 打印概念,新提出的内涵表明 4D 打印构件随外界刺激的变化不仅是形状,还包括构件的性能和功能,这使得 4D 的内涵更丰富,有利于 4D 打印技术从现象演示逐渐走向实际应用,只有性能和功能发生变化才能满足功能化、智能化的定义,才能具备应用价值。然而,上述新提出的 4D 打印内涵仍然存在一定的局限性,尚未完全揭示 4D 打印的本质。为此,通过系列 4D 打印技术大会的持续交流讨论,得出如下阶段性结论:4D 打印不仅可以应用智能材料,还可以应用非智能材料,也应当包括智能结构,即在构件的特定位置预置应力或者其他信号;4D 打印构件的形状、性能和功能不仅是随着时间维度发生变化,还应当包括随空间维度发生变化,并且这些变化是可控的。因此,进一步深化的 4D 打印内涵注重在光、电、磁和热等外部因素的激励诱导下,4D 打印构件的形状、性能和功能能够随时空变化而自主调控,从而满足"变形""变性"和"变功能"的应用需求。今后,随着 4D 打印研究的持续深入,其内涵也必将进一步得到升华。

1.3 增材制造技术的发展

1.3.1 增材制造技术在国外的发展概况

国外增材制造技术的发展主要集中在欧美地区,其中美国是增材制造技术的发源地,也是对此技术研究和应用最广泛的国家。美国得克萨斯大学奥斯汀分校的 Laboratory for Freeform Fabrication 是世界上最早成立的增材制造技术研究中心之一,研究领域涵盖了增材制造技术的各个方面;美国得克萨斯大学埃尔帕索分校设立的 W. M. Keck Center for 3D Innovation 联合了新墨西哥大学、扬斯敦州立大学、洛克希德·马丁公司、诺斯罗普·格鲁曼公司、RP+m 公司和 Stratasys 公司,重点研究用于航空航天的增材制造技术;美国宾夕法尼亚州立大学联合 Battelle Memorial Institute and Sciaky Corporation 成立了 Center for Innovative Materials Processing Through Direct Digital Deposition(CIMP-3D),重点偏向金属、高分子等材料的设计及工业应用研究。欧美地区其他发达国家的科研单位也设立了增材制造研究中心。例如,英国谢菲尔德大学设立了先进增材制造中心,重点研究喷墨打印、生物材料激光成形、航空材料激光选区熔化成形、增材制造构件的结构设计、激光选区烧结新材料研究等方向;英国诺丁汉大学成立了 EPSRC Centre for Innovative Manufacturing in Additive Manufacturing,针对多功能 3D 打印技术、3D 打印材料体系设计等方面进行创新突破;英国埃克塞特大学设立的

Centre for Additive Layer Manufacturing 致力于解决增材制造技术与工业应用结合的难题；德国弗朗霍夫（Fraunhofer）激光技术研究所成立了弗朗霍夫增材制造联盟，着眼于金属、高分子、陶瓷及生物材料的增材制造技术研究，其下属 11 个研究中心遍布全国；法国设立了 Center for Technology Transfers in Ceramics (CTTC)，利用喷墨打印、黏结喷射、陶瓷直接沉积等增材制造技术成形难加工的脆性材料；比利时鲁汶大学机械工程学院则针对增材制造技术的种类进行了深入研究，并应用于实际生产。除了上述欧美地区国家，澳大利亚莫纳什大学成立的莫纳什增材制造中心，拥有世界上最大的激光选区熔化装备 Concept Laser X-Line 1000，并在 2015 年成形出世界上第一个全金属航空发动机结构样件。在亚洲地区，新加坡也成立了增材制造中心，研究面向海洋应用、医疗组织和建筑打印，几乎囊括了食品、金属、生物等各个领域的增材制造装备，致力于打造东南亚的增材制造强国。

4D 打印的概念自 2013 年提出以来，就引起了很多学者广泛的研究兴趣。国内外很多学者在智能构件设计、模拟仿真、材料、制造工艺与装备和智能构件评测等方面对 4D 打印智能构件展开了初步研究。4D 打印智能构件的形状变化、性能变化和功能变化是 4D 打印研究的三个方面。然而，现在 4D 打印技术的总体现状是：研究集中在将智能材料应用到增材制造工艺中，仍然仅处于形状变化的现象演示阶段，至于如何实现性能变化和功能变化，目前报道极少，并且尚未形成可靠的、具体的研究思路。4D 打印技术的研究目前仅处于起步阶段，诸多方面亟待研究。目前缺乏针对智能构件设计的理论与方法体系，缺乏材料与工艺的匹配性研究，尚无对智能构件功能的评测与验证方法。

1.3.2　增材制造技术在中国的发展概况

自 20 世纪 90 年代初开始，以清华大学、华中科技大学、西安交通大学和北京隆源公司为代表的几家单位，在国内率先开展增材制造技术的研发。清华大学开展了 FDM、EBM(electronic beam melting，电子束熔化)和生物 3DP 打印技术的研究；华中科技大学开展了 LOM、SLS、SLM(selective laser melting，激光选区熔化)、WAAM(wire and arc additive manufacture，电弧熔丝增材制造)等增材制造技术的研究；北京隆源公司重点研发和销售 SLS 装备；西安交通大学重点研究 SLA 技术，并开展了增材制造生物组织工程方面的应用研究。随后又有一批高校和研究机构参与到该项技术的研究中。北京航空航天大学和西北工业大学开展了 LENS(laser engineering net shaping，激光近净成形)技术研究，中航工业航空制造工艺研究所和西北有色金属研究院开展了 EBM 技术的研究，华南理工大学、南京航空航天大学开展了 SLM 技术的研究等。国内高校和企业通过研发改变了该类装备早期依赖进口的局面，通过 20 多年的技术研发与应用推广，在全国建立了数十个增材制造服务中心，用户遍布航空航天、汽车、船舶、生物医疗等行业，改进和提升了我国的传统制造业。

4D打印构件能实现三个方面的可控变化,分别是形状变化、性能变化和功能变化,简称为"变形""变性"和"变功能"。这"三变"中只要实现其中一个,便认为是实现了4D打印。西安交通大学的李涤尘教授团队研究了离子高分子-金属复合材料(ionic polymer-metalcomposites,IPMC)的4D打印技术,通过控制不同电极电压的加载方式,可以使柱状的IPMC发生多自由度弯曲,同时,材料的刚度也发生了变化。华中科技大学的史玉升教授团队利用材料组合的思想,将增材制造的磁电材料相组合,制备了柔性磁电器件。该柔性磁电器件由高度相同的多孔结构和螺旋结构组成,多孔结构由于具有永磁性而能产生磁场,具有导电性的螺旋结构(相当于导电线圈)处在该磁场中,在外界压力的作用下循环压缩/回复,在这一过程中,穿过线圈的磁通量发生变化,根据法拉第电磁感应定律可知,在两块平行板之间会产生电压,所以,增材制造构件产生了压电性能和感知外界压力的功能,而这种性能和功能是磁性多孔结构和导电结构原本均不具备的,因此,增材制造构件的性能和功能均发生了变化,从而使变性能、变功能的4D打印得以实现。

先进增材
制造技术
与装备

1.4　增材制造先进材料、先进结构、智能构件

增材制造技术的优势在于突破了传统等材制造和减材制造技术在材料、尺度、结构、功能、智能、生命、智慧等方面的复杂性,对各行各业必将带来深远影响。从理论上来说,增材制造可成形任何材料、可成形任何物体、可应用于任何领域。

相较于传统的等材制造和减材制造技术,增材制造技术在控形、控性成形构件的同时,还可以创造新材料、生命器官和智慧物体。

本书只介绍增材制造大家族中的3D打印和4D打印技术。

1.4.1　增材制造先进材料

1. 提升材料性能

以SLM和LENS两种主流金属增材制造技术为例进行说明。在SLM加工过程中,激光与粉末相互作用,形成尺度约为$100\mu m$的微小熔池,由于激光的快速移动($100\sim1000mm/s$),熔池具有极高的冷却速率($10^3\sim10^8K/s$),快速冷却抑制了晶粒的长大和合金元素的偏析,加之熔池内马兰戈尼(Marangoni)对流的搅拌作用,最终获得了晶粒细小、组织均匀的微观结构,大幅提高了材料的强度。美国OPTOMEC公司和LosAlomos实验室、欧洲宇航防务集团EADs等研究机构针对不同的材料(如钛合金、镍基高温合金和铁基合金等)进行了工艺优化研究,使

SLM 构件的缺陷大大减少,致密度增加,性能接近甚至超过同种材料的锻件水平。美国空军研究实验室的 Kobrvn 等优化了 Ti6A14V 的 LENS 成形工艺,研究了热处理和热等静压等后处理工艺对 LENS 构件的微观组织和性能的影响规律,认为后处理可大大降低 LENS 构件的内应力,消除其气孔等缺陷,使构件沿沉积方向的韧性和高周疲劳性能达到了锻件水平。北京航空航天大学主要研究了钛合金构件的 LENS 成形工艺,并通过热处理工艺的优化,使钛合金构件的组织得到细化,性能明显提高,成功应用于飞机等大型承力构件的制造。

2. 创造新材料

利用增材制造技术,通过混合粉末或控制喷嘴同时输送不同的粉末,可以制备金属/金属和金属/陶瓷等梯度材料。美国理海大学利用 LENS 技术制备 Cu 与 AISI1013 工具钢梯度材料,通过工艺优化以及利用镍作为中间过渡层材料,解决了梯度材料制备过程中两相不相容和熔覆层开裂的问题。美国南卫理公会大学的 MultiFab 实验室利用 LENS 技术制备了同时具有纵向和横向梯度的金属/陶瓷复合材料。美国 Sandia 国家实验室和密苏里科技大学等研究机构也分别研究了 Ti/TiC、Ti6A14V/In625 和 In718/Al$_2$O$_3$ 等不同梯度材料的增材制造工艺。巴基斯坦白沙瓦工程和技术大学研究了 LENS 技术制备的 316L/Inconel718 梯度材料,发现在沉积过程中形成了 NbC 相和 Fe$_2$Nb 相,生成的碳化物能够选择性地控制梯度材料的硬度和耐磨性。美国宾夕法尼亚州立大学帕克分校通过定向能量沉积技术制备了 Ti6Al4V/Invar36 梯度材料,结合实验表征和计算分析发现梯度区金属间化合物(FeTi、Fe$_2$Ti、Ni$_3$Ti 和 NiTi$_2$)的存在是导致梯度材料在制备过程中断裂的原因。波兰华沙董布罗夫斯基军队技术学院利用 LENS 技术制备了 Fe3Al/SS316L 薄壁管梯度材料,结果表明,梯度材料管具有在 316L 钢和 Fe3Al 合金两种成分之间过渡平稳、冶金质量高、S 形形状重现性好等特点。华盛顿州立大学利用 LENS 技术制备了结构和成分梯度变化的 Ti/TiO$_2$ 新型结构,发现在多孔钛表面添加全致密、成分梯度变化的 TiO$_2$ 陶瓷,可显著提高样品的表面润湿性和硬度。美国理海大学采用 LENS 技术制备了 Ti/TiC 梯度材料,结果表明,与高 TiC 含量的均匀复合镀层相比,梯度材料有效地防止了裂纹的形成。

在国内,西北工业大学研究了 316L/Rene88DT 梯度材料的 LENS 制备工艺,并总结了熔覆层微观组织和硬度随着梯度材料成分含量不同而变化的规律。西安交通大学研究了 Ti6A14V/CoCrMo 梯度材料的 LENS 制备工艺。华中科技大学利用 SLM 技术制备了钛/羟基磷灰石(Ti/HA)梯度材料,发现随着 HA 含量从 0wt% 增加到 5wt%,各梯度层的微孔比例从 0.01% 增加到 3.18%(图 1-2)。北京有色金属研究总院采用 LENS 技术制备了 Ti/TiC 功能梯度材料,发现样品的拉伸强度受 TiC 含量的影响不大,但韧性随 TiC 添加量的增加而急剧下降。

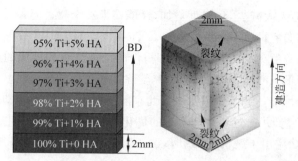

图 1-2　利用 SLM 技术制备的钛/羟基磷灰石(Ti/HA)梯度材料及孔隙分布情况

1.4.2　增材制造先进结构

1. 整体结构

受制造工艺约束,一些构件采用传统制造技术无法实现整体制造,只能分体制造然后再进行焊接或铆接连接。增材制造技术几乎不受制造工艺约束,可实现"化零为整"的整体制造,从而减少加工和装配工序,缩短制造周期,减轻重量,提高装备的可靠性和安全性。

美国 GE 公司的应用案例及其效果如下:LEAP 发动机采用增材制造整体成形喷嘴,由原来的 18 个组件减少为 1 个整体构件(图 1-3),其重量减少了 25%,效益提高了 15%;高级涡轮螺旋桨(ATP)飞机发动机通过增材制造整体成形出 35% 的构件,组件由原来的 855 个减少至 12 个,重量减少了 5%,大修时间间隔延长了 30%,燃油消耗减少了 30%。

图 1-3　增材制造成形的整体喷嘴
(a) LEAP 发动机;(b) 增材制造整体喷嘴

美国 NASA 马歇尔航天中心的应用案例及其效果如下:采用激光增材制造技术成形了大量的火箭发动机构件,包括发生器导管、旋转适配器等(图 1-4);采用激光增材制造技术成形的 RS-25 火箭发动机弯曲接头,与传统设计相比,采用激光增材制造优化设计可以减少 60% 以上的构件数量、焊缝以及机械加工工序(图 1-5)。

表 1-1 和表 1-2 为激光增材制造技术与传统制造技术的对比,结果表明,采用激光增材制造技术可以大幅节约制造成本与时间。

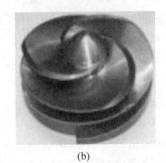

(a)　　　　　　　　　　　(b)　　　　　　　　　　　(c)

图 1-4　NASA 采用激光增材制造技术成形的典型构件

(a) 弹簧 z 向挡板;(b) 诱导轮;(c) 泵壳体

图 1-5　NASA 采用激光增材制造技术成形的 RS-25 火箭发动机弯曲接头

表 1-1　NASA 的 RS-25 火箭发动机弯曲接头传统制造设计与激光增材制造设计对比

比 较 项 目	传统制造设计	激光增材制造设计	减少比例/%
构件数量/个	45	17	62
焊缝/个	70+	26	62
机械加工工序/道	147	57	61

表 1-2　NASA 采用激光增材制造技术与传统制造技术的对比

构 件 名 称	节约成本/%	节约时间/%
J-2X 发动机燃气发生器导管	70	50
F-1 发动机旋转适配器	N/A	70
弹簧 z 向挡板	64	75
定制扳手	N/A	70
涡轮泵壳体	87	75
涡轮泵诱导轮	50	80

2. 点阵结构

增材制造技术除了可实现"化零为整"外,还可实现结构的轻量化设计制造。轻量化在航天领域的地位举足轻重,因为每减轻 1kg 质量将使航空航天装备和燃料质量减少 30～100kg,从而大幅节省发射成本,提高载荷效率。

采用拓扑优化方法,可以设计出满足性能指标的最优点阵结构,但通常会导致点阵结构中出现传统制造工艺难以加工的复杂三维曲面以及中空结构。增材制造技术为拓扑优化设计的点阵结构提供了一种几乎无工艺限制的制造手段。

空中客车防务与宇航公司(Airbus Defence and Space)英国分部采用激光增材制造技术成形出欧洲航天局 EurostarE 3000 的铝合金支架,用于安装遥测和遥控天线。图 1-6 为该支架结构的拓扑优化结果,通过拓扑优化以及激光增材制造工艺,实现了由 4 个构件完成传统方法需要 44 个铆钉连接支架结构的整体制造,减重 35% 的同时,提高了 40% 的结构刚度,铝合金支架已经成功地完成了质量检测,具备了卫星装载飞行的资质。

图 1-6　激光增材制造成形的 EurostarE 3000 卫星支架

图 1-7 为欧洲航天局 Sentinel-1 卫星天线支架的拓扑优化设计与制造,通过拓扑优化以及激光增材制造工艺,实现了由数个构件铆接而成的天线支架的整体轻量化制造,且质量由 1.626kg 降到 0.936kg,减重 42%。

3. 仿生结构

生物经过 10 多亿年连续的进化、突变和选择,已经形成多样化的材料和结构。这些天然生物材料通常利用有限的组分构造复杂的多级结构,并利用这种多级结构实现多功能性,达到人工合成材料不可比拟的优越性能。例如,珠线结构的蜘蛛丝具有高强度、可延展性、超级收缩性以及定向集水能力;蝴蝶的翅膀具有特殊微纳米结构,兼具超疏水性和结构显色功能。然而,天然生物材料的一些主要特征,如精妙复杂的微纳米结构、不均匀结构的空间分布和取向等,很难使用传统制造方法精确模仿制造出来,因此,利用增材制造技术成形具有类似性能的仿生结构至关重要。

以仿生表面减阻结构为例。仿鲨鱼皮减阻是众多减阻方法中的一个热点。鲨鱼皮表面具有顺流向沟槽,能够高效地保存黏液,从而抑制和延迟紊流的发生,减

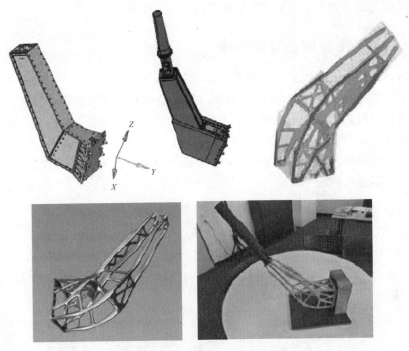

图 1-7 卫星天线支架的拓扑优化及激光增材制造

小水体对鲨鱼游动的阻力。鲨鱼的皮肤由固定在柔性真皮层中的坚硬盾鳞构成，这种软硬结合的方式很难通过常规方法成形。北京航空航天大学的 Wen 等利用3DP 技术在柔性薄膜上制备了仿鲨鱼皮结构(图 1-8)。首先通过显微 CT 成像构建基于灰鲭鲨盾鳞的三维模型，然后利用弹性模量分别为 1MPa 和 1GPa 的柔性材料和刚性材料作为基底和盾鳞。通过模拟鲨鱼在行进过程中遇到的复杂流动环境，发现在 1.5Hz 垂荡频率下，增材制造仿鲨鱼皮材料相较于水的移动速率提高了 6.6%，能量消耗减少了 5.9%。随后 Wen 等又对仿鲨鱼皮表面盾鳞结构的形

图 1-8 增材制造仿鲨鱼皮结构的表面扫描电镜照片(每个盾鳞的大小约为 1.5mm)

状和间距与流体动力学功能之间的联系做了进一步研究。

1.4.3　增材制造智能构件

随着高端制造领域对构件的要求越来越高,智能构件的材料-结构-功能一体化制造将是新的发展方向,随之成形技术将朝着材料制备与成形一体化、材料-结构一体化、材料-结构-功能一体化方向发展。如图 1-9 所示,未来的飞行器将从以机械构件为主向以智能构件为主的方向发展,飞行器就是飞行机器人。但上述的智能构件难以用传统方法制造,自 2013 年以来提出和发展的 4D 打印技术将为智能构件的制造提供新手段。

(a)

(b)

图 1-9　以机械构件为主的飞行器向以智能构件为主的飞行器方向发展
(a) 机械构件为主的飞行器:依赖全机减重、气动优化、机电加强的飞行器机动性发挥至极限;(b) 智能构件为主的飞行器:自适应、自驱动变形/变性/变功能飞行器就是飞行机器人

　　4D 打印的内涵由最初的 3D 打印智能材料构件的形状随时间变化,演变成为通过材料和结构的主动设计和增材制造,使构件的形状、性能和功能在时间和空间维度上实现可控变化,满足变形、变性和变功能的应用需求。4D 打印智能构件可广泛应用于航空航天、生物医疗、软体机器人、汽车等领域。

以航空航天为例。航空领域的智能变形飞机,可以随着外界环境的变化而柔顺、平滑、自主地不断改变外形,以保持整个飞行过程中的性能最优,提高舒适度并降低成本。如机翼变化可带来如下好处。①变展长:升阻比提高,航程和航时增大;②变弦长:优化升阻比,提升飞行速度和机动性;③变厚度:降低波阻和抑制抖振;④变后掠:低速飞行时小后掠角有助于机翼的效率,高速飞行时大后掠角有助于降低波阻;⑤变弯度:控制机翼表面的气流分离情况,提高机动性。

航天领域的智能天线,在发射人造卫星之前,将抛物面天线折叠起来装进卫星体内。火箭升空把人造卫星送到预定轨道后,具有"记忆"功能的卫星天线在太阳辐照下升温而自动展开,恢复至抛物面形状。

1.5 增材制造与制造业创新

1.5.1 增材制造技术提供制造业创新原动力

1. 拓展产品创意与创新空间,提升原创能力

创新设计必须考虑实际制造能力,因此不得不牺牲一些创新设计的思想。增材制造技术则为人们提供了充分想象和创造的平台,可以说"只要你想得到,我就可以做出来""只有想不到,没有做不到"。与传统的切削加工相比,增材制造技术将三维加工变为二维的堆积成形,大大降低了制造复杂度。理论上,只要在计算机上设计出结构模型,就可以应用该技术在无须刀具、模具及复杂工艺条件下快速地将设计变为实物(图 1-10)。产品制造过程几乎与构件的结构复杂性无关,可实现自由制造,这是传统制造方法无法比拟的。设计人员不再受传统制造工艺和资源的约束,专注于产品形态创意和功能创新,在"设计即生产""设计即产品"理念下,追求"创造无极限"。

增材制造
原理、发
展历程及
趋势

我爱发明
——增材
制造

图 1-10 采用增材制造成形的复杂结构

2. 降低产品创新研发成本，缩短创新研发周期

设计方案进行仿真优化后，将其三维数据转换为标准数据格式（如 STL 文件），然后导入增材制造装备中，直接制造出产品。由于简化或省略了工艺准备、试验等环节，产品数字化设计、制造、分析高度一体化，新产品开发定型周期显著缩短，成本降低，"今日完成设计，明天得到成品"得以实现。

比如汽车发动机缸盖，若采用传统砂型铸造，其工装模具设计制造周期需要 5 个月左右；若采用增材制造技术，1 周左右就可以整体成形出四气门六缸发动机缸盖砂型。模具是机械、家电、数码等构件制造的基础工具，在批量生产过程中，模具的冷却是关键环节。传统制造工艺往往是利用机加工方法在模具上钻直孔，随着产品结构越来越复杂，直孔冷却难以达到快速和高效冷却效果，有时甚至会导致产品变形和失效。为此，开发随形冷却技术，即冷却流道尽量与成形产品复杂轮廓保持一致，是提升模具功能的核心内容之一。传统机加工技术无法制造这种冷却系统，采用增材制造技术则可以实现。德国 EOS 公司使用增材制造技术制造了具有随形冷却流道的注塑模具镶块，使注塑周期由 90s 缩短为 40s，并且每年可生产 40 000 个构件。该镶块单套花费 3.250 欧元，相较于传统制造工艺节省了 19.444 欧元。因此，增材制造技术的应用极大地促进了传统模具的技术进步。

1.5.2 增材制造技术提升制造业工艺能力

1. 少无装配整体制造，提高产品质量与性能

3D 打印的优势

增材制造在满足整体化、个性化制造的同时，产品质量与性能也大大提高。据悉，一架"空客 A380"飞机或"波音 747"飞机，分别有 450 多万个构件。从理论上讲，构件越多越不安全，结合部往往就是隐患所在。增材制造技术可以将原来难以整体成形的多个构件集合成一个整体被制造出来，减少构件数量。这不但大大减少了装配工作，也使其安全性和可靠性随之提高。现在，增材制造技术已经成功应用到"F-18"战机和"波音 787"客机的关键构件制造中。例如，每架"F-18"战机上有 80 多个采用激光增材制造的构件；"波音 787"商用喷气式飞机上有 32 个采用激光增材制造的构件，这也是增材制造技术首次应用于大型喷气式飞机，具有里程碑意义。另外，增材制造技术可以优化设计，根据实际需求制造出轻量化构件，这一点对为减轻 1g 质量而奋斗的航空航天企业特别有价值。例如，用整体制造内部中空结构，但外形合适、性能优良的构件，代替原来那些实心的笨重构件，应用于战机、战车、舰船等武器装备，可有效减轻其质量，从而增加载弹量，极大地提升战斗力。

2. 制造传统工艺无法加工的构件,极大增强工艺实现能力

增材制造突破了结构几何约束,能够制造出传统方法无法加工的非常规结构,这种工艺能力对于实现构件轻量化、优化性能具有极其重要的意义。增材制造技术可以将设计者从传统构件制造的思想束缚中解放出来,使其将精力集中在如何更好地实现功能的优化,而非构件的制造上。

3. 提高难加工材料的可加工性,拓展工程应用领域

增材制造技术可以整体成形传统制造方法难以加工的形状和材料。使用高能束整体成形钛合金、镍基高温合金(图 1-11)、陶瓷(图 1-12)等难加工材料,拓展了高性能材料的工程应用范围。

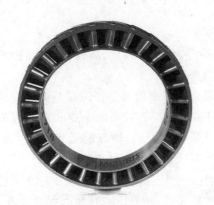

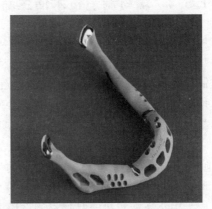

图 1-11　整体式镍合金转子　　　图 1-12　生物陶瓷材料人体器官修复体

1.5.3　增材制造技术实现制造业绿色可持续发展

增材制造技术有助于推进绿色制造。传统的机械加工方式通过去除材料的方式得到构件,会产生大量的边角料和切屑,不仅材料利用率低,而且使用的切削液和产生的切屑等会对环境和人体产生危害。采用增材制造技术,超过 90% 的原材料可回收再用,具有明显的节能、节材、减排和无污染的特点。

另外,采用增材制造技术,可将构件内部设计为网状结构(图 1-13)替代实心结构,以减少材料使用量,降低制造时间和能源消耗量。例如,具有内部网状结构的钛合金发动机叶片,材料使用量可减少 70%,SLM 制造时间可降低 60%。

增材制造技术在构件修复领域也得到了广泛应用。美国 Sandia 国家实验室和空军研究实验室、英国 Rolls-Royce 公司、法国 Alstom 公司以及德国 Fraunhofer 激光技术研究所等均对航空发动机涡轮叶片和燃气轮机叶片的激光熔覆修复工艺进行了研究,并成功实现定向单晶叶片的修复。此外,美国国防部研发的“移动构件医院”将增材制造技术应用于战场环境,可以对战场破损构件(如坦克链轮、传动齿轮和轴类构件等)进行实时修复,大大提高了战场环境下的机动性。

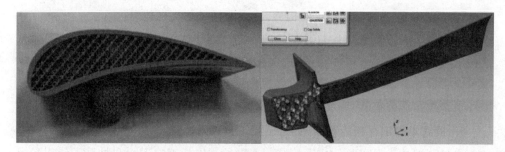

图 1-13　增材制造网状内部结构

1.5.4　增材制造技术催生新的制造模式

1. 变革传统制造模式,形成新型制造体系

集成与融合材料、信息、设计、工艺、装备等,生产个性化、高性能、复杂构件的增材制造技术将全面变革产品研发、制造、服务的模式。

增材制造技术及其制造模式对社会发展方式转变的重要作用日益突出。增材制造技术可直接制造产品,不再需要模具和多级装配。过去的企业和车间可能化解为一台装备,社区和家庭制造可能成为未来生产模式,物流配送环节会大幅减少,地区制造资源差别会减少,集中式的生产模式将向分散制造模式转变。

增材制造技术的应用一方面将提升中小企业自身的制造能力,另一方面将催生为广大中小企业提供产品增材制造服务的新模式,培育专业化服务制造企业,从而实现“泛在制造”和“聚合服务制造”的新局面。

2. 支撑个性化定制等高级创新模式实现

增材制造技术使“按需而制”“因人定制”“泛在制造”等得以实现。增材制造技术的应用将彻底改变传统大规模生产方式单纯追求批量和效率易导致产品供过于求的弊端,促进“按需而制”或“因人定制”的产品个性化制造模式变革,既能实现单件小批量工业产品的制造,又能极大地满足人们丰富多彩的生活需求。增材制造技术的应用将消除传统的产品研制与生产明确分工的界限,化烦琐的业务集成为简约的业务统一,促进产品设计与制造向一体化、高度集成化制造模式的变革,实现“设计即生产”和“设计即产品”。

从产业层面来讲,面对后经济危机时代的挑战,各国都在寻求新的经济增长点和着力培育具有竞争优势的新兴产业。大批量制造已经使得成本和利润不断降低,个性化制造成为社会新的增长点,以增材制造技术为代表的个性化制造产业将成为未来拉动经济发展的关键产业。增材制造技术可以多品种个性化制造,增材制造过程不需要模具,产品的单价几乎和批量无关,特别适合小批量产品的制造。对于传统制造业,新产品投入市场极具风险,如果不能被市场接纳,就会给企业带来巨大损失。增材制造技术在新产品开发和小批量生产中极具优势,企业可以进行多品种个性化制造,甚至可以提供定制服务。

从社会层面来讲,增材制造技术是继计算机、互联网技术之后又一逐渐普及百姓生活的制造技术。利用增材制造技术,可让社会民众充分参与产品的创造,个人的创造力将被极大地释放,人的想象力不再被实现手段制约。创新源泉不断涌现,其直接结果就是社会创造能力不断提升。人们可以实现个性化、实时化、经济化的产品生产和消费,这种产业模式会逐步改变世界的经济格局,也会逐步改变人类的生活方式。

3. 催生专业化创新服务模式

历史发展进程表明,工业革命是社会进步的根本因素,会引发整个社会的巨大变革。如同蒸汽机、福特汽车流水线引发的工业革命,增材制造技术作为"一项将要改变世界的技术"已引起全球关注。英国《经济学人》杂志(2012年第3期)则认为增材制造技术将与其他数字化生产模式一起推动实现第三次工业革命,并认为生产制造将从大型、复杂、昂贵的传统工业过程中分离出来,凡是能接上电源的计算机都能够成为灵巧的生产工厂,增材制造象征个性化和创新制造模式的出现。人类将以新的合作方式进行创造和生产,制造过程与管理模式将发生深刻变革。随着增材制造技术应用领域的不断拓展,它将不再局限于制造技术领域,而将成为社会创新的工具,使得人人都可以成为创造者,支撑创新型社会的发展。

增材制造技术正在孕育未来工业企业的雏形。人们可以在网站上建立、共享创意设计数据的产品库,将自己的设计模型数据上传到网站,需要者可以从网上下载设计模型数据,用增材制造装备制作自己的产品。例如,美国的 Shapeways 和 Quirky 两家公司已开展了这方面的探索。

Shapeways 公司于 2007 年创立于荷兰,后将总部移至美国纽约,获得了数千万美元的风险投资。2012 年 10 月,该公司在纽约皇后区的"未来工厂"投入运营。"未来工厂"里的机器就是 50 台工业 3D 打印机,通过互联网接收顾客各种产品的三维设计方案,并在数天内完成产品的打印生产,然后寄送给客户。同时,该公司还为商家和设计者建立了平台,使他们可以再利用该公司的 3D 打印机生产并销售自己设计或收集的产品(图 1-14)。

Quirky 公司于 2009 年成立于美国纽约,获得了近亿美元的风险投资。其特色是众包:公司通过 Facebook 和 Twitter 等社交媒体接受公众的产品设计思路,并由公司注册的用户进行评价和投票,如此每周挑出一个产品进行 3D 打印生产,参与产品设计和修正过程的众包人员可分享 30% 的营业额。同时,公司还进一步将众包设计改进的过程转化为通过社交媒体来推荐相关产品的过程,从而创造性地拓展了销售市场(图 1-15)。

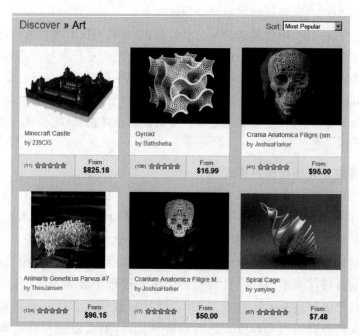

图 1-14　Shapeways 公司网页界面

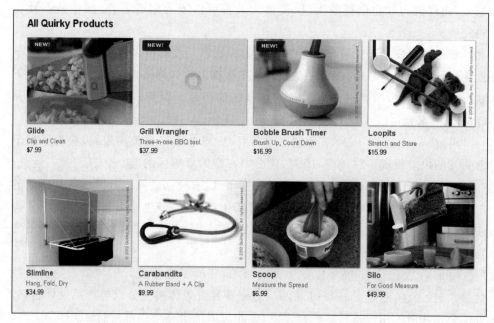

图 1-15　Quirky 公司网页界面

思考题

1. 简述增材制造技术的分类。
2. 简述 3D 打印和 4D 打印的区别。
3. 简述增材制造技术对制造业创新的意义。
4. 简述增材制造技术的发展趋势。

第2章

增材制造技术的核心元器件

2.1 激光器系统

2.1.1 CO_2 激光器

1. CO_2 激光器的基本结构

图 2-1 所示是一种典型的 CO_2 激光器结构示意图。构成 CO_2 激光器谐振腔的两个反射镜放置在可供调节的腔片架上,最简单的方法是将反射镜直接贴在放电管的两端。

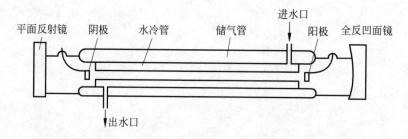

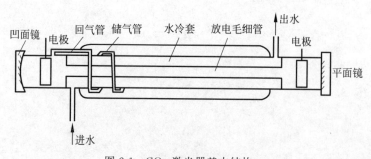

图 2-1 CO_2 激光器基本结构

CO_2 激光器的基本结构如下。

1) 激光管

激光管是激光器中最关键的部分,通常由三部分组成(如图 2-1 所示):放电空间(放电管)、水冷套(管)、储气管。

放电管通常由硬质玻璃制成,一般采用层套筒式结构。它能够影响激光的输出以及激光输出的功率,输出功率与放电管长度成正比。在一定的长度范围内,每米放电管长度输出的功率随总长度的增加而增加。一般而言,放电管的粗细对输出功率没有影响。

水冷套(管)和放电管一样,都是由硬质玻璃制成的。它的作用是冷却工作气体,使输出功率稳定。

储气管与放电管的两端相连接,即储气管的一端有一小孔与放电管相通,另一端经过螺旋形回气管与放电管相通。它可以使气体在放电管与储气管中循环流动,使放电管中的气体随时交换。

2) 光学谐振腔

光学谐振腔由全反射镜和部分反射镜组成,是 CO_2 激光器的重要组成部分。光学谐振腔通常有三个作用:控制光束的传播方向,提高单色性;选定模式;增长激活介质的工作长度。

最简单常用的激光器光学谐振腔是由相向放置的两平面镜(或球面镜)构成的。CO_2 激光器的谐振腔常用平凹腔,反射镜采用由 K8 光学玻璃或光学石英加工成大曲率半径的凹面镜,在镜面上镀有高反射率的金属膜——镀金膜,使波长为 $10.6\mu m$ 的光反射率达到 98.8%,且化学性质稳定。因为 CO_2 发出的光为红外光,而红外光无法透过普通光学玻璃,所以反射镜需要应用透红外光的材料,因为普通光学玻璃对红外光不透,所以在全反射镜的中心开一小孔,再密封上一块能透过 $10.6\mu m$ 激光的材料,这样就使谐振腔内激光的一部分从这一小孔输出腔外,形成一束激光。

3) 泵浦源

泵浦源能够提供能量使工作物质中上、下能级间的粒子数翻转。封闭式 CO_2 激光器的放电电流较小,工作电流为 $30\sim40mA$。电极采用冷电极,阴极用钼片或镍片做成圆筒状,阴极圆筒面积为 $500cm^2$,阴极与镜片之间加一光阑以防止镜片污染。

2. CO_2 激光器基本工作原理

图 2-2 所示为 CO_2 激光器产生激光的分子能级图。CO_2 激光器的主要工作物质由 CO_2、N_2、He 三种气体组成。其中,CO_2 是产生激光辐射的气体,N_2 和 He 为辅助性气体。He 的作用有两个:一个是可以加速 010 能级热弛豫过程,因此有利于激光能级 100 及 020 的抽空;另一个是实现有效的传热。N_2 在 CO_2 激光器中主要起能量传递作用,为 CO_2 激光器上能级粒子数的积累与大功率高效率的激

光输出起到强有力的作用。泵浦源采用连续直流电源激励,它的直流电源原理是:把接入的交流电压用变压器提升,经高压整流及高压滤波获得高压电加在激光管上。

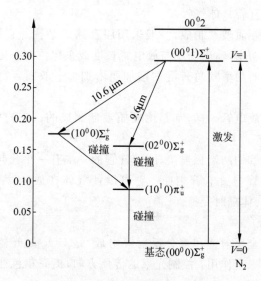

图 2-2 CO_2 分子激光跃迁能级图

CO_2 激光器是一种效率较高的激光器,不易造成工作介质损害,可发射波长为 $10.6\mu m$ 的不可见激光,是一种比较理想的激光器。CO_2 激光器按气体的工作形式可分为封闭式与循环式,按激励方式分为电激励、化学激励、热激励、光激励与核激励等。在医疗中使用的 CO_2 激光器几乎 100% 是电激励。

与其他分子激光器一样,CO_2 激光器的工作原理和受激发射过程也较复杂。分子有三种不同的运动:一是分子里电子的运动,该运动决定了分子的电子能态;二是分子里的原子振动,即分子里原子围绕其平衡位置不停地做周期性振动,该运动决定了分子的振动能态;三是分子转动,即分子为一整体在空间连续旋转,该运动决定了分子的转动能态。分子运动极其复杂,因此能级也很复杂。

在放电管中,通常输入几十毫安或几百毫安的直流电流。放电时,放电管中混合气体内的 N_2 分子由于受到电子的撞击而被激发起来。这时受到激发的 N_2 分子便和 CO_2 分子发生碰撞,N_2 分子把自己的能量传递给 CO_2 分子,CO_2 分子从低能级跃迁到高能级上形成粒子数反转,从而产生激光。

2.1.2 固体激光器

1. 工作原理和基本结构

在固体激光器中,由泵浦系统辐射的光能,经过聚焦腔,使在固体工作物质中的激活粒子能够有效地吸收光能,形成粒子数反转,通过谐振腔,从而输出激光。

固体激光器的基本结构如图 2-3 所示,固体激光器主要由工作物质、泵浦系统、聚光系统、光学谐振腔及冷却与滤光系统五个部分组成。

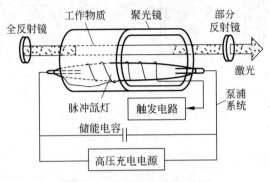

图 2-3　固体激光器的基本结构

1) 工作物质

工作物质——激光器的核心,由激活粒子(都为金属)和基质两部分组成。激活粒子的能级结构决定了激光的光谱特性和荧光寿命等特性,基质主要决定了工作物质的理化性质。根据激活粒子的能级结构形式,可分为三能级系统(如红宝石激光器)与四能级系统(如 Er:YAG 激光器)。工作物质的形状目前常用的主要有四种:圆柱形(目前使用最多)、平板形、圆盘形及管状。

2) 泵浦系统

泵浦源能够提供能量使工作物质中上、下能级间的粒子数反转,目前主要采用光泵浦。泵浦光源需要满足两个基本条件:①有很高的发光效率;②辐射光的光谱特性应与工作物质的吸收光谱相匹配。

常用的泵浦源主要有惰性气体放电灯、太阳能及二极管激光器。其中,惰性气体放电灯是当前最常用的。太阳能泵浦常应用于小功率器件(尤其是在航天工作中可以利用太阳能为永久能源的小激光器)。二极管(laser diode,LD)激光器是目前固体激光器的发展方向,它集众多优点于一身,已成为当前发展最快的激光器之一。

LD 泵浦的方式可以分为两类:横向,同轴入射的端面泵浦(见图 2-4(a));纵向,垂直入射的侧面泵浦(见图 2-4(b))。

LD 泵浦源的固体激光器有很多优点,如寿命长、频率稳定性好、热光畸变小等,当然,最突出的优点是泵浦效率高,因为它的泵浦光波长与激光介质吸收光谱严格匹配。

3) 聚光系统

聚光腔的作用有两个:一是将泵浦源与工作物质有效地耦合;二是决定激光物质上泵浦光密度的分布,从而影响输出光束的均匀性、发散度和光学畸变。工作物质和泵浦源都安装在聚光腔内,因此聚光腔的优劣直接影响泵浦源的效率及工作性能。图 2-5 所示为椭圆柱聚光腔,是目前小型固体激光器最常采用的。

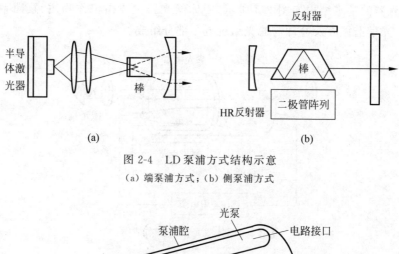

图 2-4 LD泵浦方式结构示意

（a）端泵浦方式；（b）侧泵浦方式

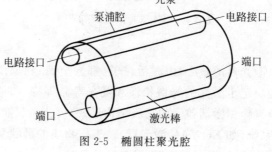

图 2-5 椭圆柱聚光腔

4）光学谐振腔

光学谐振腔由全反射镜和部分反射镜组成，是固体激光器的重要组成部分。光学谐振腔除了提供光学正反馈维持激光持续振荡以形成受激发射，还对振荡光束的方向和频率进行限制，以保证输出激光的高单色性和高定向性。最简单常用的固体激光器的光学谐振腔由相向放置的两平面镜（或球面镜）构成。

5）冷却与滤光系统

冷却与滤光系统是激光器必不可少的辅助装置。固体激光器工作时会产生比较严重的热效应，所以通常需要采取冷却措施，主要是对激光工作物质、泵浦系统和聚光腔进行冷却，以保证激光器的正常使用和保护器材。冷却方法有液体冷却、气体冷却和固体冷却，但目前使用最广泛的是液体冷却方法。要获得高单色性的激光束，滤光系统起了很大的作用。滤光系统能够将大部分的泵浦光和其他一些干扰光过滤，使得输出的激光单色性非常好。

2. 固体激光器的优、缺点

1）固体激光器的优点

（1）输出能量大，峰值功率高。在固体激光器中，由于中心粒子的能级结构，能够输出大能量，并且峰值功率高。这是固体激光器的突出特点。

（2）结构简单耐用，价格适宜。和其他类型的激光器相比，固体激光器的结构非常简单并且非常耐用，同时价格相对适宜。

（3）材料种类数量多。固体激光器的工作物质的种类非常多，到目前为止至少有 100 种，而且大有增长的趋势。大量高性能材料的出现，使固体激光器的性能得到进一步提高。

2）固体激光器的缺点

（1）温度效应比较严重，发热量大。正是由于输出能量大，峰值功率高，导致热效应非常明显，因此固体激光器不得不配置冷却系统，才能保证固体激光器的正常连续使用。

（2）转换效率相对较低。固体激光器的总体效率非常低，如红宝石激光器的总体效率为 $0.5\%\sim1\%$，YAG 激光器的总体效率为 $1\%\sim2\%$，在最好的情况下可接近 3%。由此可见，固体激光器的效率提高还有很大的空间。

2.2　振镜式激光扫描系统

激光以其高亮度性、高方向性以及高单色性的优势，在各种科研领域内得到广泛应用。

激光扫描是随着激光打印以及激光照排等应用发展起来的。激光扫描主要分为光机扫描方式和声光扫描方式。振镜式激光扫描属于光机扫描方式，激光束随着连接在振镜转轴上的反射镜的运动在扫描视场上扫描出预期的图形。振镜式激光扫描系统主要由反射镜、扫描电机以及伺服驱动单元组成。扫描电机采用具有高动态响应性能的检流计式有限转角电机，一般偏转角度在 10° 以内。通过振镜轴和轴扫描电机的协调转动，带动连接在其转轴上的反射镜片反射激光束，进而实现整个工作面上的图形扫描。根据反射镜镜片的大小以及反射激光束波长的不同，振镜式激光扫描系统可以应用于不同类型的系统。电机以及伺服驱动技术的不断发展，促进了振镜式激光扫描系统性能的不断提高，使其广泛应用于激光扫描的各个领域，如激光打标、激光扫描显示以及激光快速成形等。

在激光选区增材制造装备中，振镜式激光扫描系统的快速、精确扫描是整个系统高效、高性能运行的基础和核心。用于激光增材制造装备的振镜式激光扫描系统包括采用 F-Theta 透镜聚焦方式的二维振镜式激光扫描系统和采用动态聚焦方式的三维振镜式激光扫描系统两种类型。振镜式激光扫描系统类型的选择主要根据扫描视场大小、工作面聚焦光斑的大小以及工作距离等来决定。

2.2.1　振镜式激光扫描系统的聚焦系统

振镜式激光扫描系统通常需要辅以合适的聚焦系统才能工作。根据聚焦物镜在整个光学系统中的位置不同，振镜式激光扫描通常可分为物镜前扫描和物镜后扫描。物镜前扫描方式一般采用 F-Theta 透镜作为聚焦物镜，其聚焦面为一个平面，在焦平面上的激光聚焦光斑大小一致。物镜后扫描方式可采用普通物镜聚焦方式或采用动态聚焦方式,根据实际中激光束的不同、工作面的大小以及聚焦要求进行选择。

在小工作面的激光选区增材制造时,一般采用聚焦透镜为 F-Theta 透镜的物镜前扫描方式,这样不仅可以保证整个工作面内激光聚焦光斑较小且均匀,而且可以保证扫描的图形畸变在可控制范围内。在进行大幅面扫描时,因为采用 F-Theta 透镜的激光聚集光斑过大以及扫描图形畸变严重,所以一般采用动态聚焦方式的物镜后扫描方式。

1. 物镜前扫描方式

物镜前扫描方式是指激光束被扩束后,先经扫描系统偏转再进入 F-Theta 透镜,最后由 F-Theta 透镜将激光束会聚在工作平面上,如图 2-6 所示。

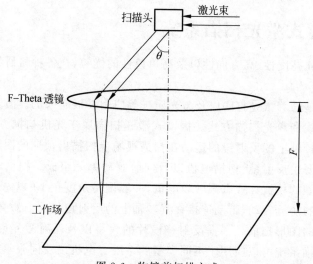

图 2-6　物镜前扫描方式

近似平行的入射激光束经过振镜扫描后再由 F-Theta 透镜聚焦于工作面上。F-Theta 透镜聚焦为平面聚焦,激光束聚焦光斑在整个工作面内大小一致。通过改变入射激光束与 F-Theta 透镜轴线之间的夹角 θ 来改变工作面上焦点的坐标。

激光选区增材制造工作面较小时,采用 F-Theta 透镜聚焦的物镜后扫描方式一般可以满足要求。相较于采用动态聚焦方式的物镜前扫描方式,采用 F-Theta 透镜聚焦的物镜后扫描方式结构简单紧凑,成本低廉,而且能够保证在工作面内的聚焦光斑大小一致。但是当激光增材制造装备的工作面较大时,使用 F-Theta 透镜就不再合适。首先,设计和制造具有较大工作面的 F-Theta 透镜成本昂贵;其次,为了获得较大的扫描范围,需要采用具有较大工作面积的 F-Theta 透镜,但其焦距较长,因而会增加激光增材制造装备的高度,从而给其应用带来很大的困难。

2．物镜后扫描方式

如图 2-7 所示，激光束被扩束后，先经过聚焦系统形成会聚光束，再通过振镜的偏转，形成工作面上的扫描点，即为物镜后扫描方式。当采用静态聚焦方式时，激光束经过扫描系统后的聚焦面为一个球弧面，如果以工作面中心为聚焦面与工作面的相切点，则越远离工作面中心，工作面上扫描点的离焦误差越大。如果在整个工作面内扫描点的离焦误差可控制在焦深范围之内，那么可以采用静态聚焦方式。例如，在小工作面的光固化成形系统中，采用长聚焦透镜，能够保证在聚焦光斑较小的情况下获得较大的焦深，使整个工作面内的扫描点的离焦误差在焦深范围之内，那么就可以采用静态聚焦方式的振镜式物镜前扫描方式。

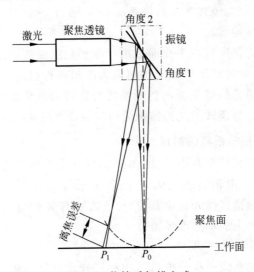

图 2-7 物镜后扫描方式

在激光选区烧结增材制造装备中，一般采用 CO_2 激光器，其激光波长较长，很难在较小聚焦光斑情况下取得较大的焦深，因此不能采用静态聚焦方式的振镜式物镜前扫描方式，在扫描幅面较大时一般采用动态聚焦方式。动态聚焦系统一般由执行电机、一个可移动的聚焦镜和静止的物镜组成。为了提高动态聚焦系统的响应速度，动态聚焦系统聚焦镜的移动距离通常较短，一般为±5mm，辅助的物镜可以将聚焦镜的调节作用放大，从而实现在整个工作面内将扫描点的聚焦光斑控制在一定范围之内。

在工作面较小的激光选区增材制造装备中，采用 F-Theta 透镜作为聚焦透镜的物镜前扫描方式，其焦距以及工作面光斑都在合适的范围之内，且成本低廉，故可以采用。而在大工作面的激光选区增材制造装备中，如果采用 F-Theta 透镜作为聚焦透镜，那么因为焦距太长且聚焦光斑太大，所以并不适合。一般在需要大工作面扫描时采用动态聚焦的扫描系统，通过动态聚焦的焦距调节，可以保证扫描时整个工作场内的扫描点都处在焦点位置，同时由于扫描角度以及聚焦距离的不同，边缘扫描点的聚焦光斑一般比中心聚焦光斑稍大。

2.2.2　振镜式激光扫描系统的设计与误差校正

振镜式激光扫描系统是一个光机电一体化的系统,主要通过扫描控制卡控制振镜 X 轴和 Y 轴电机转动带动固定在转轴上的反射镜片偏转来实现扫描。在采用动态聚焦方式的振镜式激光扫描系统中,还需要控制 Z 轴电机转动并结合相应的机械机构带动聚焦镜进行往复运动来实现聚焦补偿。相较于传统的机械式扫描方式,振镜式扫描的最大优点是可以实现快速扫描,因此振镜式激光扫描系统的执行机构需要有很高的动态响应性能。同时为了保证振镜式激光扫描系统的精确扫描,实时和同步地控制振镜式激光扫描系统的 X 轴、Y 轴以及 Z 轴的运动,是实现振镜式激光扫描系统的关键。

扫描系统的性能是通过在工作面上进行图形扫描来检验的,一个好的扫描系统应该能够快速、精确地在工作面上按照输入图形进行扫描。扫描的速度以及精度都是设计振镜式激光扫描系统的控制系统时需要着重考虑的。同时,精确的误差校正方案也是保证振镜式激光扫描系统扫描精度不可或缺的部分。

1. 振镜式激光扫描系统的构成

振镜式激光扫描系统主要由 X 轴和 Y 轴具有有限转角的检流计式电机及其伺服驱动系统、固定于电机转轴上的 X 轴和 Y 轴反射镜片以及扫描控制系统组成。在动态聚焦的振镜式激光扫描系统中,还需要有 Z 轴电机以及通过一定机械结构固定在电机转轴上的动态聚焦透镜。

1）系统执行电机及伺服驱动

振镜式激光扫描系统的执行电机采用检流计式有限转角电机,按其电磁结构可分为动圈式、动磁式和动铁式三种。为了获得较快的响应速度,执行电机在一定转动惯量下需具有最大的转矩。目前振镜式激光扫描系统执行电机主要采用动磁式电机,它的定子由导磁铁芯和定子绕组组成,形成一个具有一定极数的径向磁场;转子由永磁体组成,形成与定子磁极对应的径向磁场。两者电磁作用直接与主磁场有关,动磁式结构的执行电机电磁转矩较大,可以方便地受定子励磁控制。

振镜式激光扫描系统各轴各自形成一个位置随动伺服系统。为了得到较好的频率响应特性和最佳阻尼状态,伺服系统采用带有位置负反馈和速度负反馈的闭环控制系统。位置传感器的输出信号反映振镜偏转的实际位置。用此反馈信号与指令信号之间的偏差来驱动振镜执行电机的偏转,以修正位置误差。对位置输出信号取微分可得速度反馈信号,改变速度环增益可以方便地调节系统的阻尼系数。

振镜式激光扫描系统执行电机的位置传感器有电容式、电感式和电阻式等几类。目前振镜式激光扫描系统执行电机主要是采用差动圆筒形电容传感器。这种传感器转动惯量小,结构牢固,容易获得较大的线性区和较理想的动态响应性能。

　　在进行扫描时,振镜的扫描方式如图 2-8 所示,主要有三种:空跳扫描、栅格扫描以及矢量扫描。每种扫描方式对振镜的控制要求都不同。

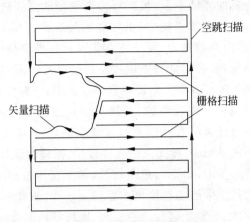

图 2-8　振镜式激光扫描方式

　　空跳扫描是从一个扫描点到另一个扫描点的快速运动,主要是在从扫描工作面上的一个扫描图形跳跃至另一个扫描图形时发生。空跳扫描需要在运动起点关闭激光,终点开启激光。由于空跳过程中不需要扫描图形,扫描中跳跃运动的速度均匀性和激光功率的控制并不重要,只需要保证跳跃终点的准确定位,因此空跳扫描的振镜扫描速度可以非常快。再结合合适的扫描延时和激光控制延时即可实现空跳扫描的精确控制。

　　栅格扫描是激光选区增材制造装备中最常用的一种扫描方式,是指振镜按栅格化的图形扫描路径往复扫描一些平行的线段。扫描过程中要求扫描线尽可能保持匀速,激光功率均匀,以保证扫描质量。这就需要结合振镜式激光扫描系统的动态响应性能对扫描线进行合理的插补,形成一系列的扫描插补点,通过一定的中断周期输出插补点来实现匀速扫描。

　　矢量扫描一般在扫描图形轮廓时使用。不同于栅格扫描方式的平行线扫描,矢量扫描主要进行曲线扫描,需要着重考虑振镜式激光扫描系统在精确定位的同时保证扫描线的均匀性,通常需要辅以合适的曲线延时。

　　在位置伺服控制系统中,执行机构接受的控制命令主要有两种:增量位移和绝对位移。增量位移的控制量是目标位置相对于当前位置的增量,绝对位移的控制量是目标位置相对于坐标中心的绝对位置。增量位移的每一次增量控制都有可能引入误差,误差累计效应将使整个扫描的精度很差。因此,在振镜式激光扫描系统中,执行机构的控制方式采用绝对位移控制。同时,振镜式激光扫描系统是一个高精度的数控系统,不管是何种扫描方式,其运动控制都必须通过对扫描路径的插补来实现。高效、高精度的插补算法是振镜式激光扫描系统实现高精度扫描的基础。

2）反射镜

振镜式激光扫描系统的反射镜片是将激光束最终反射至工作面的执行器件。反射镜固定在执行电机的转轴上面，根据所需要承受的激光波长和功率的不同采用不同的材料。一般在低功率系统中，采用普通玻璃作为反射镜基片；在高功率系统中，采用金属铜作为反射基片，便于冷却散热；如果要得到较高的扫描速度，需要减小反射镜的惯量，可采用金属铍制作反射镜基片。反射镜的反射面根据入射激光束波长的不同一般要镀高反射膜以提高反射率，一般反射率可达99%。

反射镜作为执行电机的主要负载，其转动惯量是影响扫描速度的主要因素。反射镜的尺寸由入射激光束的直径以及扫描角度决定，并需要有一定的余量。在采用静态聚焦的光固化系统中，激光束的直径较小，振镜的镜片可以做得很小。而在激光选区增材制造装备中，由于其焦距较长，为了获得较小的聚焦光斑，激光束的直径需要扩大。尤其是采用动态聚焦的振镜系统中，振镜的入射激光束光斑尺寸可达33mm甚至更大，振镜的镜片尺寸较大，这将导致振镜执行电机负载的转动惯量加大，影响振镜的扫描速度。

3）振镜式激光扫描系统的动态聚焦系统

动态聚焦系统由执行电机、可移动的聚焦镜和固定的物镜组成。扫描时执行电机的旋转运动通过特殊设计的机械结构转变为直线运动带动聚焦镜的移动来调节焦距，再通过物镜放大动态聚焦镜的调节作用来实现整个工作面上扫描点的聚焦。

如图 2-9 所示，动态聚焦系统的光学镜片组主要包括可移动的动态聚焦透镜和起光学放大作用的物镜组。动态聚焦透镜由一片透镜组成，其焦距为 f_1，物镜组由两片透镜组成，其焦距分别为 f_2 和 f_3。其中 $L_1=f_1$，$L_2=f_2$，在调焦过程中，动态聚焦镜移动距离 Z，则工作面上聚焦点的焦距变化量为 ΔS。由于在动态调焦过程中，第三个透镜上的光斑大小会随 Z 改变，振镜 X 轴和 Y 轴反射镜上的光斑也相应变化，如果要使振镜 X 轴和 Y 轴反射镜上的光斑保持恒定，可以使 $L_3=f_2$，

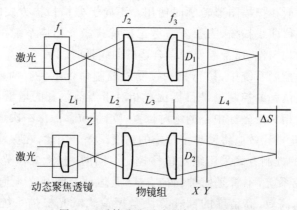

图 2-9 透镜聚焦及光学杠杆原理图

根据基本光学成像公式

$$\frac{1}{u} + \frac{1}{v} = \frac{1}{f} \tag{2-1}$$

式中，u 为物距，v 为像距，f 为焦距。可得焦点位置的变化量 ΔS 与透镜移动量 Z 之间的关系为

$$\Delta S = \frac{Z f_3^2}{f_2^2 - Z f_3} \tag{2-2}$$

　　实际中，动态聚焦的聚焦透镜和物镜组的调焦值在应用之前需要对其进行标定。可以通过在光具座上移动动态聚焦来确定动态聚焦透镜移动距离与工作面上扫描点的聚焦长度变化之间的数学关系。通常为了得到较好的动态聚焦响应性能，动态聚焦透镜的移动距离都非常小，需要靠物镜组来对动态聚焦透镜的调焦作用进行放大。动态聚焦透镜与物镜组间的初始距离为 31.05mm，通过向物镜组方向移动动态聚焦透镜可以扩展扫描系统的聚焦长度。动态聚焦的标定值如表 2-1 所示。

表 2-1　动态聚焦标定值　　　　　　　　　　　　　　　　　　mm

Z 轴运动距离	离焦补偿 ΔS
0.0	0.0
0.2	2.558
0.4	6.377
0.6	11.539
0.8	16.783
1.0	22.109
1.2	27.522
1.4	33.020
1.6	38.610
1.8	44.292

　　以工作面中心为离焦误差补偿的初始点，对于工作面上的任意点 $P(x,y)$，通过拉格朗日插值算法可以得到其对应的 Z 轴动态聚焦值。对于任意点 $P(x,y)$，其对应需要补偿的离焦误差补偿值可以通过下式计算：

$$\Delta S = \sqrt{(\sqrt{h^2 + y^2} + d)^2 + x^2} - h - d \tag{2-3}$$

动态聚焦补偿值的拉格朗日插值系数为

$$S_i = \frac{\prod\limits_{k=0, k \neq i}^{9} (\Delta S - \Delta S_k)}{\prod\limits_{j=0, j \neq i}^{9} (\Delta S_i - \Delta S_j)} \tag{2-4}$$

结合表 2-1 中的标定数据和计算得出的拉格朗日插值系数，可以通过拉格朗

日插值算法得到任意点 $P(x,y)$ 对应的 Z 轴动态聚焦的移动距离：

$$Z = \sum_{i=0}^{9} Z_i S_i \qquad (2\text{-}5)$$

在振镜式激光扫描系统中，动态聚焦部分的惯量较大，相较于振镜 X 轴和 Y 轴而言，其响应速度较慢，因此设计中动态聚焦移动距离较短，需要靠合适的物镜来放大动态聚焦的调焦作用。同时，为了减小动态聚焦部分的机械传动误差，并尽可能减小动态聚焦部分的惯量，采用 $20\mu m$ 厚、具有较好韧性和强度的薄钢带作为传动介质，采用双向传动的方式来减小其传动误差，其结构如图 2-10 所示。

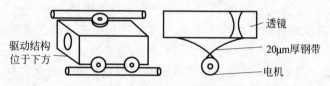

图 2-10　动态聚焦结构示意图

动态聚焦的移动机构通过滑轮固定在光滑的导轨上，其运动过程中的滑动摩擦力很小，极大地减小了运动阻力对动态聚焦系统动态响应性能的影响。采用具有较好韧性的薄钢带双向传动的方式，在尽量小地增加动态聚焦系统惯量的同时，尽量减小运动过程中的传动误差，保证了动态聚焦的控制精度。

2. 振镜式激光扫描系统的误差分析

无论是物镜前扫描方式还是物镜后扫描方式，从输入图形到在工作面上扫描出图形，都要经过光学变换、机械传动以及伺服控制等过程，而整个过程是一个非常复杂的函数关系。理想状况下，输入图形与工作面上的扫描图形是一一对应的、无失真的。但是实际中，光学变换的误差、机械安装误差以及控制上的误差往往是无法避免的。

1）机械安装误差

激光束从激光器出口到形成工作面上的最终扫描点，一般需要经过扩束准直、反射以及聚焦几个过程。由于机械装置的安装误差会导致激光束偏离整个光路的轴线，每个环节都会不可避免地出现误差。例如，采用 F-Theta 透镜方式的振镜式激光物镜前扫描方式，扫描振镜的中心轴线与 F-Theta 透镜的法线很难保持一致，从而导致最终扫描图形的偏差。采用动态聚焦方式的振镜式激光扫描系统，其扫描模型中的振镜工作高度与实际振镜的安装高度不可避免地存在误差，这必然导致最终扫描图形的偏差。

2）图形畸变

光学器件本身的像差也会引起扫描图形的失真。F-Theta 透镜方式的振镜式激光扫描系统的 F-theta 透镜一般采用多片的方式以尽可能减小扫描图形的失真。常见的扫描图形失真有枕形失真、桶形失真以及枕-桶形失真，如图 2-11 所示。

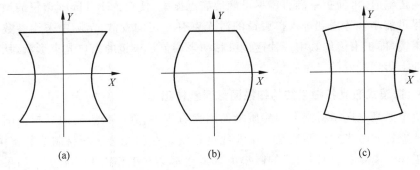

图 2-11 扫描图形失真示意图

(a) 枕形失真；(b) 桶形失真；(c) 枕-桶形失真

如前所述，对于动态聚焦方式的振镜式激光扫描系统，其数学模型为一个精确扫描模型，在不考虑光学以及机械安装等误差的情况下，其扫描的图形应该是不失真的。然而，实际中这些误差是不可避免的，因此一般采用动态聚焦方式的振镜式激光扫描系统扫描图形时会有一定的失真。但这类失真一般通过 9 点校正即可校准。

采用 F-Theta 透镜聚焦方式的振镜式激光扫描系统很难找到一个精确的扫描模型。而且 F-Theta 透镜在焦距增加的情况下像差会加大，尤其在扫描图形接近 F-Theta 透镜边缘时，图形失真更加明显。这种情况下仅通过 9 点校正很难实现图形的校准，必须在进行 9 点校正前，先对扫描图形进行整形，将待扫描图形的最大偏差控制在一定范围内（如扫描点的最大偏差小于 5mm）以后，再通过 9 点校正方法对扫描图形进行精确校准。

振镜式激光扫描系统中的误差主要包括激光束的聚焦误差以及在工作面上的扫描图形误差。在激光扫描应用中，工作面大多以平面为主，而采用静态聚焦方式的物镜后扫描方式，其聚焦面为球面，以工作面中心为聚焦基点，越远离工作面中心，离焦误差越大，激光聚焦光斑的畸变越大。采用 F-Theta 透镜的振镜式激光物镜前扫描方式时，要求入射的激光束为平行光，则聚焦面在理论的焦距处。而实际中，激光束经过光学变换以及较远距离的传输，很难保证入射激光束是平行光，导致聚焦面无法确定。对振镜式激光物镜后扫描方式，离焦误差导致其工作面内的激光聚焦光斑大小以及形状都不一致，需要通过动态聚焦补偿的方法来消除。在工作面较大时，离焦误差的补偿值有可能较大，这就需要聚焦镜移动相应的距离进行补偿。但实际应用中，为了保证整个扫描系统的实时性以及同步性，运动部件的动态性能以及运动距离应尽可能小。因此，在设计动态聚焦光学系统时，通常会利用光学杠杆原理，在聚焦镜后面加入起光学放大作用的物镜。动态聚焦系统通常由可移动的聚焦镜和固定的物镜组成，通过聚焦镜的微小移动来调节焦距，通过物镜放大聚焦镜的调节作用。

对于采用 F-Theta 透镜的振镜式激光物镜前扫描方式，在激光束需要进行较长距离传输时,可使扩束准直镜尽可能地靠近振镜,使进入 F-Theta 透镜的激光束发散尽可能小。考虑到进入扩束镜的激光束有一定的发散,实际中采用参数可调的扩束镜,即扩束镜的其中一片透镜可移动来调节扩束镜的出口光束形状,从而在工作面上得到较好的光斑质量。

3. 振镜式激光扫描系统的扫描图形误差校正

决定激光选区增材制造构件质量的因素有很多,其中最重要的是扫描图形的精度。振镜式激光扫描系统是一个非线性系统。在激光选区增材制造装备中,振镜的工作距离较长,扫描图形的微小失真最终都会在工作面上被放大。如果没有得到符合振镜式激光扫描系统运行规律的非线性系统模型,扫描图形的畸变过大,有可能导致后续的图形校正根本无法进行。

理想状况下,按照精确的扫描模型,扫描系统可以在工作面上扫描出精确的图形。但在实际中,由于存在离焦误差、机械安装误差以及测量误差等,所扫描的图形会有不同程度的失真。通常情况下,扫描图形的失真是由这些因素共同作用形成的,所以扫描图像的失真一般是非线性的,而且很难找到一个准确的失真校正模型来实现对扫描图形的精确校正。

如果不考虑中间环节,扫描图形失真即是工作面上扫描点未能跟随扫描输入,即实际扫描点坐标相对理论值存在一个偏差。图形失真校正就是构造一个校正模型,计算扫描图形的实际测量值与理论值之间的偏差,得到图形坐标校正量,然后通过在扫描输入的理论值基础上给予一定的校正量,将实际扫描输出点与理论扫描输出点的误差控制在一定范围之内。

对扫描图形的校正主要包括图形的形状校正和精度校正两部分。对图形的形状校正主要是保证 X 方向和 Y 方向的垂直度,为其后的精度校正做准备;图形的精度校正最终保证扫描图形的精度。

1) 扫描图形整形

如图 2-12 所示,虚线部分为理论图形,而扫描系统扫描出来的图形有可能出现实线所示的图形失真。这种图形失真一般都比较明显,尤其是在进行较大幅面扫描时,图形边缘部分的失真尤为明显。

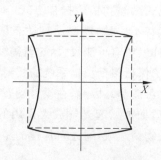

图 2-12　扫描图形整形

图形失真部分的尺寸与图形理论值偏差较大,如果此时采用多点校正的方式进行校正,很难取得较好的效果,因此需要通过一定的校正模型对图形进行粗校正,使之接近于理论图形。其校正表达式如下:

$$x' = x + a_x \cdot f(x, y) \tag{2-6}$$

$$y' = y + b_y \cdot g(x, y) \tag{2-7}$$

其中,a_x、b_y 为两个主要的调节参数。

通过调整参数对图形进行校正后,图形的枕形失真以及桶形失真得到抑制,为图形的进一步校正打下基础。

对扫描图形整形是以扫描范围的边缘为参考标准,不同于后续的多点校正只是对特征点进行测量,图形整形需要将整个扫描图形的边缘扫描线的扫描误差控制在一定范围之内。对图形整形并不需要对扫描图形的尺寸进行精确校正,一般将整个扫描线的偏差控制在 ±1mm。

2)图形的形状校正

对图形的形状校正主要是对扫描图形 X 方向和 Y 方向的垂直度进行校正,从而防止在后面的精度校正过程中出现平行四边形失真。在后续的图形精度校正中,主要是采用多点校正的方法,如 9 点校正、25 点校正等,如图 2-13 所示,虚线为在进行 9 点校正时需要扫描作为测量样本的正方形。校正过程中的特征点坐标测量是以坐标轴为基准的,如果坐标轴本身出现偏差,那么特征点的测量坐标同样会出现偏差。由于校正时主要是测量各个短边的长度,如果实际扫描图形为菱形,即使实际测量中每个特征点的误差在误差范围内,扫描图形仍然会有较大的偏差,显然无法进行有效的校正。

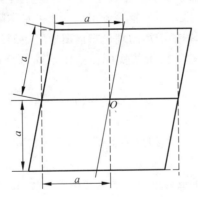

图 2-13　扫描图形的平行四边形失真

如图 2-14 所示,在实际校正过程中,以 X 轴正向坐标轴为基准线,分别测量 Y 轴正、负向坐标轴以及 X 轴负向坐标轴扫描线偏离理论轴线的距离 Δx_1、Δx_2 和 Δy_1,以此作为校正的输入量。以最常用的 9 点校正为例,设校正正方形边长为 $2a$,将扫描图形分为四个象限分别进行校正,则校正模型为

$$\Delta x_n = \frac{\Delta x_a}{a} y_n \qquad (2\text{-}8)$$

$$\Delta y_n = \frac{\Delta y_a}{a} x_n \qquad (2\text{-}9)$$

其中, n 表示象限标号; Δx_n 、Δy_n 为第 n 象限内的点 (x_n, y_n) 校正量; Δx_a 、Δy_a 为第 n 象限内的 X 方向和 Y 方向的误差量。

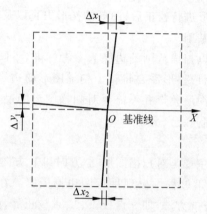

图 2-14　扫描图形的轴线校正

经过反复校正,将轴线误差控制在一定范围之内,可以在很大程度上消除后续校正过程中产生平行四边形误差的可能,从而为后续的多点校正打好基础。

3) 多点校正模型

影响振镜式激光扫描系统的扫描图形精度的误差因素很多,这些输入误差多为非线性的,而且难以测量。图形精度校正就是通过对实际图形进行误差测量,根据测量的误差,找到实际扫描图形与理论扫描图形之间的某种函数关系,通过在扫描模型中加入一定的误差补偿量使实际扫描图形逼近理论扫描图形。其校正模型为

$$x' = x + f(x, y) \qquad (2\text{-}10)$$

$$y' = y + g(x, y) \qquad (2\text{-}11)$$

其中, $f(x, y)$ 、$g(x, y)$ 分别为扫描面上某一点 (x, y) 在 X 方向和 Y 方向上的误差校正函数。

扫描图形的精度校正是通过一个多点网格来进行的。在工作场范围内建立一个多点校正网格,通过建立校正网格特征点理论坐标与实际网格测量坐标之间的函数关系,可以得出校正模型来拟和失真图形。校正模型为

$$\Delta x = f(x_0, y_0) = \sum_{i=0}^{n} \sum_{j=0}^{n} a_{ij} x_0^i y_0^j \qquad (2\text{-}12)$$

$$\Delta y = g(x_0, y_0) = \sum_{i=0}^{n} \sum_{j=0}^{n} b_{ij} x_0^i y_0^j \qquad (2\text{-}13)$$

其中,点(x_0,y_0)为扫描图形上的理论坐标点;Δx 和 Δy 分别为失真图形上对应点相对于理论坐标点在 X 方向和 Y 方向上的误差分量,通过将误差分量 Δx 和 Δy 反馈回扫描系统达到图形校正的目的。

在实际中只有特征点的扫描误差量可以通过测量和计算得到,扫描范围内的其他扫描点误差量必须通过校正模型得到,为了确定校正模型中的校正系数,需要在扫描网格中找 k 个特征点$(x_1,y_1),(x_2,y_2),\cdots,(x_k,y_k)$,它们在失真图形中对应的坐标分别为$(x_1',y_1'),(x_2',y_2'),\cdots,(x_k',y_k')$,基于这 k 个特征点,可以计算出坐标校正模型函数中的各个校正系数。

图形精度的校正主要是通过选取的特征点得到误差信息以及校正的反馈信息,因此,这些特征点的测量精度是尤为重要的。同时,这些特征点的数量以及选取位置对校正模型的精度也有很大影响。一般情况下,振镜式激光扫描系统的工作幅面为对称结构,所以特征点也应该是对称分布的。同时为了达到最好的校正效果,应该在校正范围的边缘以及中心部分分别选择特征点。根据数据相关性原则,在校正过程中,越靠近特征点的区域受校正的影响效果越明显,因此适当地增加特征点的数量能够提高校正的效果。但是,特征点数量的增加会使校正算法的计算量呈几何级数式增加。因此,特征点的选择需结合实际情况合理决定。

4) 多点校正模型的应用

在进行校正时,为了提高校正的效率以及精度,通常通过选取合适的特征点,将整个工作幅面分割成对称的区域,然后通过与本区域相关点的信息来确定区域内扫描点的校正模型。综合考虑校正效果以及算法复杂程度,主要采用 9 点校正模型。

如图 2-15 所示,振镜式激光扫描系统最常用的是扫描正方形工作面。选取整个工作面的正方形顶点以及正方形边缘与坐标轴的交点作为特征点,将整个工作面分隔成对称的四个区域。每个区域具体的校正模型分别由四个相关点来确定。

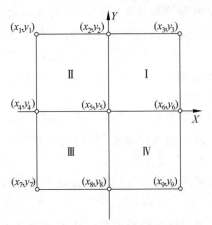

图 2-15　扫描图形的 9 点校正网格

其基本数学模型表达式如下：

$$x_{n+1} = x_n + f(x_n, y_n) \tag{2-14}$$

$$y_{n+1} = y_n + g(x_n, y_n) \tag{2-15}$$

其中，(x_n, y_n) 和 (x_{n+1}, y_{n+1}) 分别为当前的校正量和下一次扫描需要输入的扫描校正量。在图形的实际校正过程中，很难通过一次或者两次校正就可实现对图形的精确校正，一般需要进行多次校正，每次校正都是在上一次校正的基础上进行的。通过多次累积计算，确定校正模型中函数 $f(x, y)$, $g(x, y)$ 的校正系数，形成最终的多点校正模型。

2.3 熔覆喷头

熔覆喷头是送料式熔化沉积增材制造系统中的核心部分，是构件直接增材制造、表面强化或破损部位修复再制造的最终执行器件。工作中由熔覆喷头担任激光光束的投射聚焦和熔覆材料（粉末或丝材等）的同步输送，使光、料在相对喷头做连续移动的工作面上精确汇聚并完成熔覆耦合。其中，光束的整形变换聚焦，粉末连续准确、均匀高效地输送至按预定轨迹作扫描运动的光斑内，是保证熔覆与成形质量的前提；激光与粉末之间的几何、物理耦合是熔覆喷头的关键技术。

2.3.1 熔覆喷头光料传输耦合原理

1. 熔覆光路

熔覆喷头需要将输入的激光束按功率大小和加工要求进行不同的处理，包括变换光束尺寸和形状、改变光能密度分布形式等。一般首先将光纤输出的发散光准直，然后再对其进行整形。常见的整形方式有圆形光束整形为圆环形或矩形光束，高斯光束变换为光能均匀分布的平顶光束，单光束分解为多光束等。最后将单光束或多光束聚焦至加工表面，以达到加工所需的光强分布和尺寸形状。工作光斑形状通常有圆形、圆环形、矩形、线形等。喷头内光束的传递、变换、聚焦一般采用透射、反射等方法。根据某些加工成形需求，还可在加工过程中适时改变工作光斑的尺寸和形状，主要方法有：

（1）离焦法，即通过改变喷头与工作面的距离（离焦量）改变工作光斑尺寸。

（2）变位法，一般是改变喷头中准直镜的位置，使光路中的光束发散角变化，从而使聚焦光束的焦距随之变化。

（3）自适应镜法，即采用自适应反射镜适时改变其型面弧度，使出射光束的发散角变化。

（4）变焦镜组法，即通过同时控制镜组内两个轴向电机和光束均匀化元件，得到不同大小和不同长宽比例的工作光斑。

2. 给料方法

按照粉末的添加方式,激光熔覆送粉方法可以分为预置法和同步送粉法两大类,如图 2-16 所示。预置法是预先以散铺、黏结或喷涂等方式将粉末预置在基体表面上,然后利用激光辐照将其熔化,并通过熔池热传导和对流与基体形成冶金结合的熔覆层。预置法熔覆工艺简单,操作灵活,但获得的熔覆层易出现夹杂、气孔、裂纹、表面不光滑等缺陷,过程难以实现自动化增材制造,耗时耗力。

同步送粉法是采用载气输送或重力输送的方式,通过熔覆喷头或喷粉管将粉末连续输送到工作光斑内,在激光的作用下粉末和基体上表面同时被加热熔化,最后冷却凝固形成熔覆层。同步送粉法具有自动化程度高、成形性好、熔覆速度快、可控性好等特点,可实现三维复杂构件的增材制造。同步送粉法可分为单侧送粉法和同轴送粉法,见图 2-16(b)和(c)。

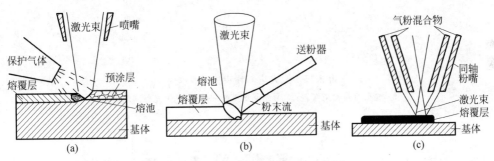

图 2-16　熔覆送粉法工作原理示意图
(a) 预置法;(b) 单侧送粉法;(c) 同轴送粉法

3. 光粉耦合

按照粉束与光束的位置关系,粉末的进给方式可分为单侧送粉与同轴送粉两大类。单侧送粉法中送粉管位于聚焦光束的一侧,粉束与光束轴线之间存在一夹角(图 2-17(a)、图 2-17(b))。其特点是喷头与送粉管可分离,单一方向加工时调节灵活。对于狭小位置加工,喷头可设计成长焦距,送粉管可单独伸入近距离送粉。另一特点是粉末出口与激光束相距较远,不易出现因为粉末过早熔化黏结而堵塞喷嘴出口的现象。单侧送粉的不足是光与粉只有一个交会点,加工中需始终保持该交会点置于工作面上,否则光斑与粉斑将发生偏离错位。而且,单侧送粉具有方向性,不能实现任意方向上的熔覆,难以适应喷头的空间成形运动和复杂构件的成形。

同轴送粉法的激光熔覆过程中粉末流与激光束同轴耦合输出,粉末流各向同性,克服了单侧送粉方向性的限制,可满足任意方向上的熔覆和复杂构件的制造,因此目前的激光熔覆大多采用同轴送粉法。同轴送粉又分为光外送粉和光内送粉。光外同轴送粉是粉末经包围聚焦激光束的环锥形流道或多个对称于聚焦光束布置的倾斜粉管输出,粉束的几何中心与激光束同轴并会聚到工作光斑内,如图 2-17(c)所示。光内同轴送粉是将光束通过反射或透射聚焦整形为环锥形光束或变换为多光束,单束粉末流从中空的环锥形光束中心或多光束的对称几何中心垂直加工面喷射,实现聚焦激光束同轴包围粉末流,并在工作面上实现耦合,如图 2-18 所示。

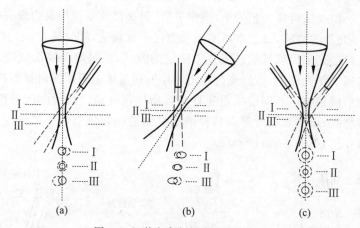

图 2-17　激光束与粉束的几何关系

(a) 光束垂直粉束倾斜;(b) 光束倾斜粉束垂直;(c) 光外同轴送粉

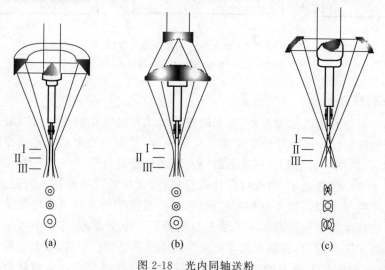

图 2-18　光内同轴送粉

(a) 反射式光内送粉;(b) 透射式光内送粉;(c) 反射式多光束内送粉

2.3.2　熔覆喷头的结构

1. 单侧送粉喷头

为了增加喷头调节粉末入射角度的能力,科研人员设计了一种旁轴送粉喷嘴装置。它通过杆件的相对转动来自由调整送粉喷头的高度和倾斜方向,以适应不同工件的加工要求,并通过数显倾角仪实时确定送粉管的倾斜角度(图 2-19)。为了在熔池附近区域形成惰性保护气体氛围,单侧送粉喷头通常被设计成双层管状,内层输送粉末,外层通入惰性气体,一方面能够防止熔池被氧化,另一方面能够减缓粉末流出喷口后的发散,从而提高粉末利用率。

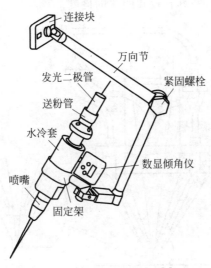

图 2-19　旁轴送粉喷嘴[3]

2. 同轴送粉喷头

与单侧送粉相比,同轴送粉喷头结构较为复杂。它一般包含激光束通道、粉末通道、冷却水通道和导气通道。由于粉末流与激光束同轴输出,扫描各向同性,解决了旁轴送粉喷头扫描方向性的问题。同轴送粉喷头分为两类:光外同轴送粉喷头和光内同轴送粉喷头。光外送粉喷头的研究和应用较早,其特征是环形粉束或多侧粉束围绕光束;光内送粉喷头是我国近年研发的新型喷头,其特征是环形光束或多侧光束围绕单根粉束。

1) 光外送粉喷头

光外送粉喷头的基本结构为多层同心锥筒形式,由中心至外依次为激光束通道、粉末通道、导气通道和冷却水通道。激光束通道位于喷头的中心,通道中会通入保护气并朝出光口喷射,以防止镜片被污染或损坏。粉末通道以环形或四管式绕激光束中心同轴布置。粉末通道的外侧设有导气通道,一方面形成气帘防止熔覆层氧化,另一方面拘束粉末流,提高粉末流挺度。冷却水通道对喷头各部分进行冷却。目前,光外送粉喷头主要有四管式同轴送粉喷头和锥环式送粉喷头两种。

早期用于激光近净成形技术的同轴喷头采用的是四管式同轴送粉喷头,如图 2-20 所示。四路粉管相对独立,多粉束相交于中心轴上一点。这种送粉喷头可提供稳定、连续的粉末流,且粉末出口离工作面距离较远,不易出现堵塞通道和喷嘴过热的现象。但粉末在圆周方向分布不均匀,且没有气体的拘束,发散角较大,汇聚性不好,粉末的利用率不高。针对这些问题,科研人员设计了一种四个具有同轴汇聚气的双层管道的送粉喷头,如图 2-21 所示。每个粉末流的外侧输送汇聚气,在粉末流的外围形成环状气幕,调节粉末流量和汇聚气流量的配比,使粉末流保持出口时的原始状态,并具有较长距离的挺度。

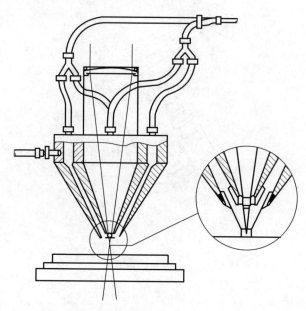

图 2-20　四管式同轴送粉喷头[4]

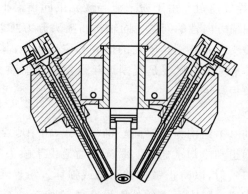

图 2-21　双层管道的送粉喷头[5]

与四管式同轴送粉喷头相比,锥环式送粉喷头的粉末通道为锥形的环状通道,粉末在环形通道上汇聚成锥形粉末流。为了增加粉末的汇聚性和提高粉末的利用率,科研人员设计了一种具有三个气体流道的送粉喷头,见图 2-22,从外至内分别为汇聚气流道、载粉气流道和导向气流道,通过汇聚气对粉末流的压缩规整和导向气流道的气体传输,粉末流汇聚性增强,更多的粉末可汇入激光光斑。此外,科研人员研制了垂直装卸的分体式同轴送粉喷嘴、环式同轴喷嘴、孔式同轴喷嘴、内置式喷嘴、卸载式同轴喷嘴等,这些喷嘴的粉末流汇聚性都得到了提高。

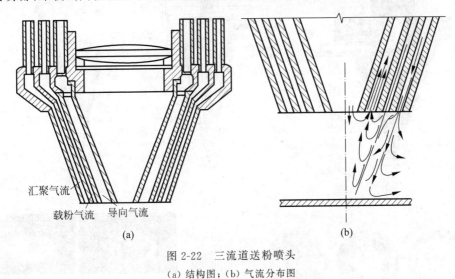

图 2-22　三流道送粉喷头

(a) 结构图；(b) 气流分布图

2) 光内送粉喷头

光内送粉喷头由激光束通道、粉末通道、冷却水通道和导气通道四个部分组成,其原理如图 2-23(a)所示。激光束主要有中空的圆环锥形聚焦光束或圆周对称分布的多聚焦光束。圆环锥形聚焦光束的光路相对简单,圆周对称分布的多聚焦光束对光路要求较高。苏州大学研制的"光束中空、光内送粉"的激光熔覆喷头结构如图 2-23(b)所示。经准直的平行光束进入喷头上方,首先通过一反射扩束锥镜扩束投射到环形聚焦镜上,再反射为一中空的圆环锥形聚焦光束,在喷头中心位置通过保护镜出射,在喷头外部的聚焦面上得到实心光斑,而在离焦面上均得到环形光斑,如图 2-23(c)所示。利用图 2-20(b)所示的透射光路也可得到圆环锥形聚焦光束。圆环锥形聚焦光束的工作面较多选择负离焦面,利用环形光斑扫描时,工作面吸收的光能为鞍形分布,如图 2-23(d)所示。其特点是能量峰转向了光斑两侧,且光能分布的中心洼地随环形光斑占空比的增大而增大。相对实心光斑扫描时工作面上的山峰形光能分布,鞍形光能在物理意义上更有利于熔道两侧的大温度梯度散热,有利于熔道两侧或上下层间搭接和边界的熔合、流动,从而有利于改善冶金质量和成形表面的平整度及粗糙度。

如图 2-23(b)所示,粉末通道在喷头外部通过接口进入喷头,然后,穿过环锥形光束,在位于喷头中心位置转向与环锥形光束同轴线。导气通道与粉末通道相同,也是由外部进入喷头,进入环锥形光束中空部位,然后呈环状包围粉末通道。下部采用双层结构的粉气喷嘴与环锥形光束同轴出射,形成由外到内顺序为光、气、粉同轴的多层结构。

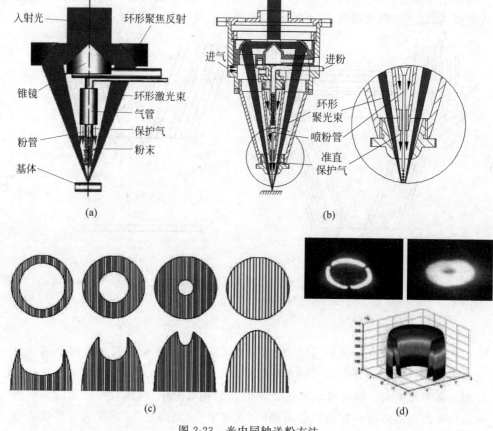

图 2-23　光内同轴送粉方法

（a）光内送粉原理；（b）光内送粉喷头结构[12]；（c）不同离焦位置环形光斑及扫描能量分布；
（d）环形光辐照图与光能分布仿真

3. 多功能熔覆喷头

为了扩展熔覆喷头的功能，提高成形质量与效率，各种功能性熔覆喷头陆续出现。这些功能性熔覆喷头主要包括变光斑喷头、变粉斑喷头、变向喷头、送丝喷头、宽带喷头和内孔加工喷头等。在需要的场合，可将单一功能进行组合，从而成为多功能复合熔覆喷头。

1）变光斑喷头

将光内送粉喷头上下移动（离焦法），可实现工作光斑的尺寸变化，如图 2-24（a）所示。在离焦范围内单粉束的直径变化较小，这有利于熔覆过程的稳定控制。图 2-24（b）是通过离焦变斑法熔覆变宽件。通过准直镜片上下移动（变位法），可改变准直光束的发散角，从而改变聚焦焦距，使工作面上的光斑尺寸发生变化（图 2-25（a））。图 2-25（b）是基于变位法原理的光内送粉变焦喷头。其准直镜通过电机驱动,可通过程序控制实现上下移动变焦。图 2-26 所示是通过改变光路中自适应反射镜的型面凸凹度(自适应镜法),使出射光束的发散角变化,从而改变后一级聚焦镜焦距。变焦激光同轴送粉喷头采用移动镜头组系统(变焦镜组法)改变焦点处的光斑直径,可满足实时改变熔覆宽度的工艺要求。

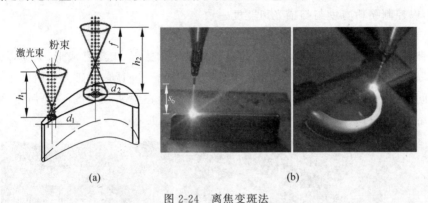

图 2-24　离焦变斑法

(a) 光内送粉喷头离焦原理;(b) 离焦变斑熔覆变宽直壁[13]

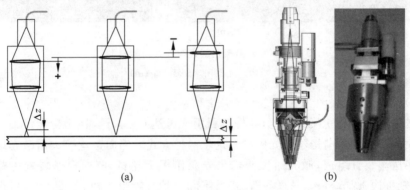

图 2-25　变位法原理与变焦喷头

(a) 离焦法原理;(b) 光内送粉变焦喷头

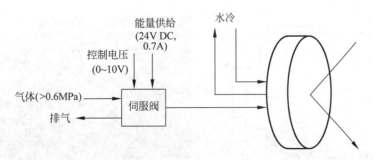

图 2-26　自适应型面镜变斑原理

2）变粉斑喷头

变粉斑喷头主要有铰链滑块式、连杆杠杆式和锥面杠杆式等调节方法。通过实时动态调整粉末汇聚点，实现熔覆宽度的改变。宽带送粉喷头在双光斑中心采用光内排管送粉，当与变斑镜组复合时，可随扫描光斑宽度变化控制喷粉管打开的根数，以控制喷粉宽度与扫描光斑宽度一致。

3）变向喷头

针对大倾角悬垂、扭曲、空心封闭件等复杂结构成形，大型件成形，大型零部件表面局部小结构成形，损伤待修件在线不便拆卸搬运等问题，科研人员研发了可实现空间大角度自由偏转加工的光内送粉变向 3D 熔覆喷头。如图 2-27 所示，空间变向熔覆喷头可实现空间连续转动变方向 3D 熔覆工艺。

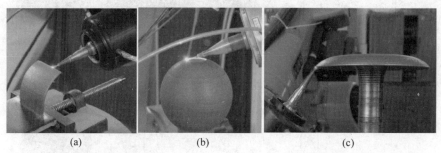

(a)   (b)   (c)

图 2-27　变向喷头空间连续变方向增材制造

(a) 悬垂成形[21]；(b) 空心封闭球成形[22]；(c) 大仰角成形[23]

4）送丝喷头

送丝喷头与送粉喷头相比，其材料利用率可达到 100%，且无粉尘污染。目前送丝喷头主要有侧向送丝和光内同轴送丝两种方式。侧向送丝喷头由激光熔覆头和侧向送丝装置组成，激光熔覆头输出光源作用于丝材，侧向送丝装置主要由丝盘、辊轮机构、调节机构、送丝导管、送丝嘴和保护气喷嘴组成，如图 2-28 所示。丝材准直后从送丝嘴中输送至激光束作用区，实现光丝耦合。

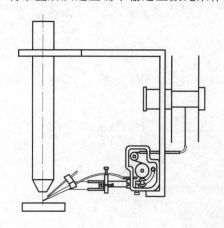

图 2-28　侧向送丝喷头

　　侧向送丝喷头也不可避免地存在扫描方向性问题。为解决该问题,丝材与激光束同轴输出的光内同轴送丝喷头应运而生。科研人员设计了一种三光束光内送丝喷头,如图 2-29 所示。通过分光镜将入射光分成三光束,然后通过三块聚焦镜会聚至工作表面。送丝通道位于会聚光束中间并与光束同轴,研发的小型送丝机构连接于喷头上方,可将丝材准直后直接输送到喷头内部的送丝通道。德国亚琛工业大学设计的环形光内送丝系统如图 2-30 所示。首先将准直后的平行激光束经轴棱镜转为环形光,然后经第一双折射棱镜后分为两半,形成一个间隙。送丝管安装于该间隙中,激光束经反射镜后与送丝管同轴。反射后的激光束经第二双折射棱镜将两半的光束组合成完整的环形光。最后经非球面透镜聚焦后作用于加工表面,实现了环形光内送丝。

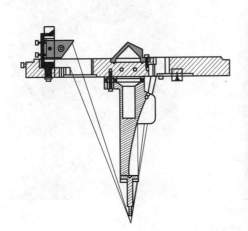

图 2-29　三光束光内送丝喷头

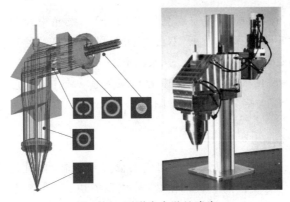

图 2-30　环形光内送丝喷头

　　5) 宽带喷头

　　随着大功率激光器的使用,宽带熔覆喷头得到越来越多的应用。光外旁轴宽带送粉激光熔覆系统的送粉喷嘴为左右对称的六面体结构,其上表面和下表面为梯形,内部设置多个扩粉柱,将从送料口送入的粉料扩散分流形成平直宽带,如图2-31(a)所示。图2-31(b)是武钢华工激光公司研发的光外送粉宽带熔覆喷头,中心出射矩形聚焦光束,在光外两侧喷射矩形粉束汇聚至工作面上的矩形光斑上进行耦合。

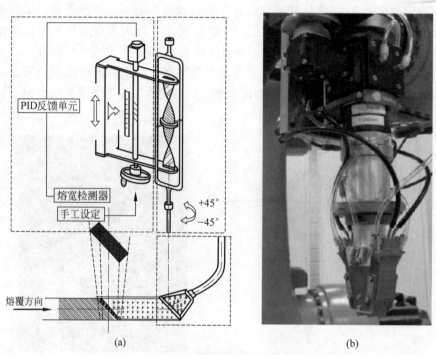

图 2-31　光外送粉宽带熔覆喷头
(a) 光外宽带送粉原理；(b) 光外送粉宽带喷头实物

光内送粉宽带熔覆喷头的原理见图2-32(a)。激光束经分光棱镜和聚焦镜整形为中空的近矩形双束激光束,双光束间距可调。送粉通道为多根管道组成的排管,安装在双光束中空区域。图2-32(b)是光内送粉宽带熔覆喷头的外形。图2-32(c)是喷头底面照片,反映出中心粉束通道和外围准直气通道,以及外层双光束通道和冷却水接口的分布。图2-32(d)为宽带喷头进行熔覆工作时的照片。

6) 内孔加工喷头

针对圆筒形、腔体类等复杂内部结构的修复或强化,内孔熔覆喷头得到了应用。内孔熔覆喷头主要包括准直镜模块、聚焦镜模块、反射镜模块和送粉头模块。送粉头采用旁轴送粉的方式。内孔熔覆喷头突出的特点是引入了反射镜模块,可将直线传输的激光束反射至待加工工件表面,从而实现对内孔的加工。图2-33是深孔喷头和深孔加工照片。

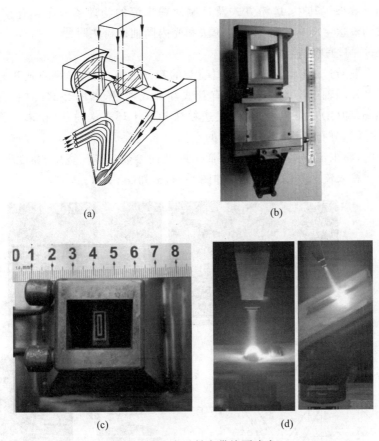

(a)　　　　　　　　(b)

(c)　　　　　　　　(d)

图 2-32　光内送粉宽带熔覆喷头

（a）喷头原理；（b）喷头实物；（c）喷头底面；（d）宽带喷头熔覆

图 2-33　深孔喷头与深孔加工

2.3.3　熔覆喷头控制技术

1. 喷头送粉控制

激光送粉熔覆的质量取决于激光与粉末流的相互作用，主要是光、粉在空间与熔池的耦合效果。其中,送粉方式及控制对粉末流的物理场分布具有重要意义。目前粉末的输送主要有光外同轴送粉法和光内同轴送粉法两种。

1) 光外同轴送粉控制

粉末一般通过送粉器输送至熔覆喷头的粉末通道,送粉速率可通过送粉器精确控制。光外同轴送粉的粉末通道有管式和环式两种,如图 2-34(a)和(b)所示。从图 2-34(a)和(b)中可以看出,管式送粉法相较于环式送粉法,粉末汇聚较为集中,但环式送粉分布较均匀。粉末流的空间分布与激光的耦合对熔覆成形的质量有重要影响,粉末流空间分布与粉末通道的几何参数(角度、宽度、高度等)和送粉参数有关。粉末流的空间浓度分布如图 2-34(c)和(d)所示。

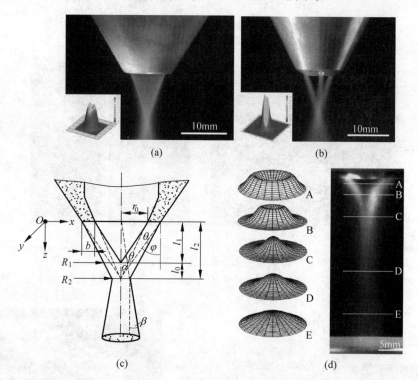

图 2-34　光外送粉粉末分布

(a) 管式送粉；(b) 环式送粉；(c) 粉末流场物理模型；(d) 粉末浓度分布

从图 2-34 中可以看出,粉末流浓度场呈现了三种不同的分布。当 $0 < z < l_1$ 时(对应图 2-34(d)中 A—B 区域),在 Oxy 面内粉末流呈环状分布,激光与粉末流不存在相互作用;当 $l_1 < z < l_2$ 时(对应图 2-34(d)中 C—D 区域),粉末流聚焦,形成粉末流焦柱区,在 Oxy 面内粉末流呈高斯分布,激光束与粉末流之间形成耦合;当 $z > l_2$ 时(对应图 2-34(d)中 D—E 区域),粉末流发散,形成锥形粉末流区。

2) 光内同轴送粉控制

如图 2-35 所示,光内送粉的粉末通道由喷头外部进入环锥形光束中空无光区,转向与激光束同轴,由单根粉管正向垂直送粉,可使粉末垂直输送到加工面上的光斑中。在粉管外设置了同轴的环形准直气管,形成双层结构。准直气工作时可在粉末周围形成环形气帘,一方面束缚粉束,减小粉末的发散角,增加粉末的空间挺度;另一方面可防止熔池被氧化。在准直保护气的作用下,粉末能够保持很好的集束性,加长激光束与粉末束的耦合区间,增加粉末利用率,减小侧壁黏粉和火花飞溅现象,提高构件的表面质量。由于光、粉、气一体同轴,空间长程耦合无干涉,因此喷头可进行大角度偏摆和空间变姿态,完成大悬垂结构成形、空间倾斜面和立仰面的修复强化等。图 2-35 示出了不同离焦面光粉的位置。粉末在准直保护气作用下正向垂直下落,从截面 4 到截面 1 是光粉耦合的不同离焦面,可见粉末始终被激光束包围,实现全程“光包粉”,可减低工作中喷头离焦波动产生的敏感性。图 2-36 为在准直气控制下的粉束喷射、光粉耦合与增材制造照片。

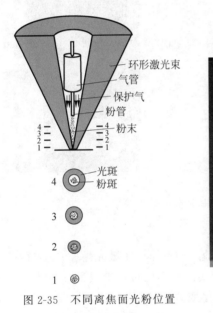

图 2-35　不同离焦面光粉位置

图 2-36　粉束喷射、光粉耦合、增材制造

2. 喷头熔覆工况测控

智能测控送粉喷头是在喷头上加装多种传感器,以监测喷头组件以及加工过程中熔池等工况信息的变化,从而通过对路径规划、喷头提升量、激光功率、扫描速度及送粉量等参数进行闭环控制,减少喷头组件的损耗,提高熔覆过程的稳定性,提高系统自动化程度和保证熔层质量。其中,熔池温度与堆积高度的测控最为重要。

1) 熔池温度测控

在激光熔覆快速成形过程中,如果保持工艺参数不变,熔池温度也会受基体和粉末材料、构件结构形状、多层堆积过程中的热累积和散热等多种因素的影响而变化。因此,在激光熔覆过程中,精确测量并有效控制熔池温度,对避免熔覆层的过熔或欠熔、保持过程稳定、提高熔池及成形面的几何形貌、控制显微组织、减少各种缺陷等具有重要作用。

加装温度传感器的送粉喷头能够监测喷嘴温度,一旦温度超过设定值,就发出报警信号,防止喷头过热损坏,同时采用了双波长温度传感器检测和控制熔池温度。天津工业大学在送粉喷头上加装了红外温度监控系统与熔覆层高度红外双色检测系统,提高了成形过程的可控性和构件的加工精度。英国诺丁汉大学和德国Fraunhofer 激光技术研究所联合研发了集多种传感器于一体的送粉喷头,可实时监测喷头组件和熔池的温度,并通过调节激光功率来控制熔池的温度,如图 2-37所示。

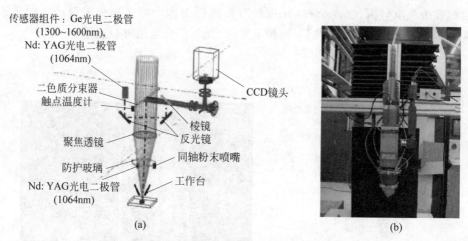

图 2-37　安装了熔池温度传感器的熔覆喷头[33]

2) 工作距离与堆积高度测控

与激光选区熔化增材制造中的定层高铺粉刮平不同,在激光熔覆成形过程中,理论堆高值与实际堆高值可能不一致。因为实际堆高值可能会受到多种不确定或者难以预测的因素影响,包括工艺参数的变化或波动、结构与成形位置的改变、热作用的偏析、温度升降、多道搭接、层间错位等。这些因素都可能使熔覆堆积高度偏离理论设定值。如果堆高误差层层累积,会使熔覆喷头的喷嘴与熔池之间的工作距离越来越近或越来越远,造成离焦量变化、光能密度变化、光斑宽度改变,最终导致构件形成上窄下宽或上宽下窄的截面形状,从而影响成形的尺寸、形状精度和熔层冶金质量。严重的还可使熔覆失控,堆积终止。随着无人化运行和过程智能化的要求越发强烈,对其过程进行全闭环测控显得非常重要。

图 2-38 为激光熔覆堆积高度闭环测控系统示意图。选用高速电荷耦合器件(charge coupled device,CCD)相机为传感器。相机体积小、重量轻,固定在光内送粉喷头上与喷头同步运动。采集的图像信息通过工控机实时处理,得出的堆高数据经过控制器计算,反馈的工艺参数作为控制输入,实时传输给控制台,再控制各执行机构。

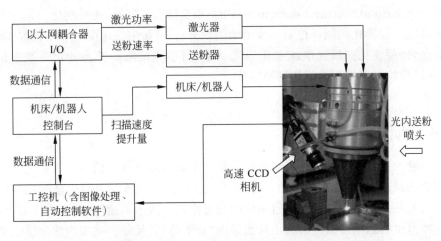

图 2-38 基于高速 CCD 相机的激光熔覆堆积高度闭环测控系统[34]

堆高控制首先要保证喷头喷嘴到熔池的工作距离不变。每层提升量可能不再为定值,而是通过闭环控制方法,设与测得的实际堆积高度一致的值,这种方法称为定距控制。苏州大学采用堆高闭环测控系统进行了定距控制实验。如图 2-39 所示,Z 方向的每层提升量不需要预设,而是根据每层实际堆高进行随动提升。由于离焦量在闭环控制下始终保持不变,使得成形过程稳定性、壁厚一致性等都得到了极大提高,其表面粗糙度可达到 $Ra=1\sim12\mu m$。

图 2-39 定距控制下的激光熔覆成形过程与构件

在定距控制的基础上,还可通过变化工艺参数来主动控制堆积高度。只有当构件的高度达到期望高度时,熔池发出的光才可通过小孔成像投影到光敏晶体管上。当测得的堆高值高于参考值上限时,开启触发信号降低激光功率,并降低过高区域的生长速度,已达到预定高度的区域则停止沉积,从而实现堆高的闭环控制。应用 CCD 在线拍摄熔池,通过图像处理得到熔覆堆高值,并设计比例-积分-微分控制器(proportional integral derivative,PID)和变结构控制器,通过变化扫描速度实现堆高随时间变化的闭环控制。采用比例积分(proporitional integral,PI)闭环控制方法,每层变化扫描速度或变化激光功率,可使当前堆高受控变化至期望层高值,并同步控制总堆积高度达到期望值。

2.4　喷嘴

喷嘴的作用就是把黏结剂以微粒的形式准确地喷在铺平的粉末表面上。成形过程中的成形速度,成形物体的尺寸、误差控制,成形物体的表面质量等都与喷嘴有很大关系。喷嘴的喷射效率由喷嘴的数量决定。成形的速度、喷嘴内径的大小,影响喷射出的黏结剂微粒的大小从而影响"基本体"的尺寸。喷嘴的状况决定黏结剂微粒喷射出时的方向,影响黏结剂微粒在粉末材料表面的定位精度。

目前,数字微喷技术主要分为连续喷墨(continuous ink jet,CIJ)技术和按需喷墨(drop-on-demand ink jet,DOD)技术。连续喷墨技术按照偏转的形式分为等距离偏转与不等距离偏转;按需喷墨技术根据驱动方式分为压电式、气动膜片式、热发泡式、机械驱动式、电磁驱动式和超声聚焦式等。具体分类如图 2-40 所示。

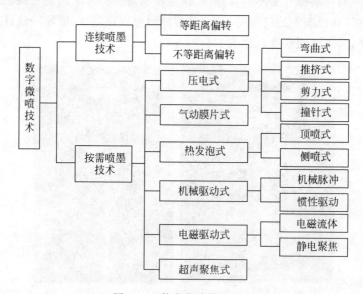

图 2-40　数字微喷技术分类

连续喷墨技术是在液体腔里施加恒定的压力,使液体从喷嘴处喷出并以较高的速度形成射流,同时液滴发生器中的振荡器发出振荡信号,在液体腔内产生扰动,在扰动或液体表面张力的作用下使射流断裂生成均匀的液滴。液滴在充电电场获得电荷,经过偏转电场改变液滴偏移方向,精确控制液滴轨迹,落在预定的位置。连续喷墨技术的优点是能够产生高速液滴,工作频率高,在彩色打印领域应用范围广。但是该技术产生的液滴直径较大,难以细化,分辨率较低,材料利用率低,需要集液槽对废液进行回收(图 2-41)。

　　按需喷墨技术是根据需求有选择性地喷射微滴,即系统驱动装置给出一个开关信号,喷射系统接收到信号后产生相应的压力和位移变化,使液滴从喷嘴喷出落在指定位置。由于开关时间与开关频率是可调节参数,因此液滴的大小是可以控制的。对比连续喷墨技术,按需喷墨结构简单,没有集液槽和偏转电场,成本较低,对微滴产生的时间可以精确控制(图 2-42)。按需喷墨的方式较多,由于工作原理不同各有优、缺点,如表 2-2 所示。

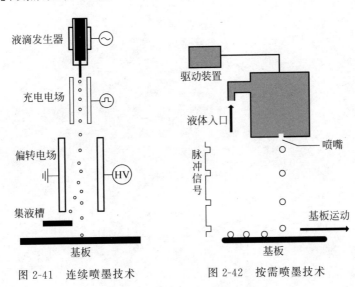

图 2-41　连续喷墨技术　　　　图 2-42　按需喷墨技术

表 2-2　按需喷墨方式优、缺点比较

工作方式	优点	缺点
压电式	可以实现连续喷射与按需喷射,适用于黏度较低的液体以及金属溶液	不适用于高温环境和高黏度液体,驱动电路复杂、成本高
气动膜片式	适用于多种金属与非金属液体	气体压力驱动时间难以精确控制,稳定性较差
热发泡式	适用于低黏度易加热产生气泡液体	不适用于高黏度液体、金属液体
机械驱动式	适用于高黏度液体	机械易磨损,使用寿命短
电磁驱动式	适用于液态的导电材料	不适用于非导电材料
超声聚焦式	依靠超声波能量破坏液面平衡产生较小液滴	喷头高温问题难以解决,系统复杂、成本高

　　相较于其他类型的数字微喷技术,压电式数字微喷更适用于 3D 打印,对低黏度的液体不需要加热,黏度较高时可以低温加热,因此适用的材料范围广,能够精确控制液滴大小从而提高 3D 打印精度,提高了材料的利用率。

思考题

1. 激光器、振镜式激光扫描系统、熔覆喷头在激光增材制造中的作用是什么？
2. CO_2 激光器与固体激光器有何区别？分别适用于何种增材制造工艺？
3. 熔覆喷头的分类及应用场合是什么？
4. 喷嘴适用于何种增材制造工艺？

第3章

增材制造数据处理
及工艺规划技术

增材制造是一种数字模型直接驱动，计算机控制下的全自动加工技术，从 CAD 模型到生成最终数控代码的全过程都是由计算机软件完成的，因此软件是增材制造的灵魂。软件在增材制造中占据了极其重要的地位，软件的好坏对增材制造的效率与制件质量有很大影响。

3.1 增材制造文件格式

增材制造三维模型的来源可大致分为以下两种：一种是通过按照正向设计原则获取，主要是通过 CAD 建模软件进行模型设计，如 Solidworks、Fusion 360、Rhino 等；另一种是按照逆向设计原则，通过对实物进行反求获取，主要是借助逆向工程（reverse engineering，RE）技术对目标实体进行逆向分析从而获取相应的三维模型，如 Imageware、Geomagic Studio、CopyCAD 等。

由于输入的三维模型来源不同，需要处理的三维模型的文件格式也多种多样。对于这些三维模型，当前研究通常采用两种处理策略：一种是对不同格式类型的三维模型直接进行增材制造数据处理，如针对 STEP 格式的三维模型直接处理、针对点云格式的三维模型直接处理等。另一种是采用将其他类型的文件格式统一转化为 STL(stereo lithography)文件格式进行处理，然后再对相应的 STL 模型文件进行增材制造数据处理，并且这样的格式转换功能在当前几乎所有的建模软件中都给出了成熟的解决方案。

STL 文件格式最早是由 3D Systems 软件公司于 1998 年提出的用于 SLA 工艺的接口文件，随后便被一直广泛应用于增材制造领域。正是由于 STL 格式简单，对三维模型建模方法无特定要求，因而在增材制造领域得到了广泛应用，成为其事实上的标准数据输入格式。所有的增材制造装备都能接受 STL 文件进行成形,而几乎所有的 CAD 软件也都能把 CAD 模型从自己专有的文件格式导出为 STL 文件。

3.2 增材制造数据处理

目前,尽管增材制造工艺类型及装备多种多样,通过对这些不同工艺类型的增材制造数据处理软件进行分析,不同增材制造软件在数据处理流程中具有一定的相似性,并未脱离增材制造技术的本质特征。可将当前增材制造数据处理流程划分为以下几个模块:模型预处理、支撑结构生成、模型切片、路径规划、控制制造等,如图 3-1 所示。

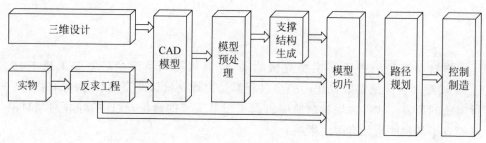

图 3-1 增材制造数据处理流程

3.2.1 模型预处理

STL 模型文件中保存的仅仅是表示三维模型的离散三角面片空间几何信息,还需要通过模型预处理环节,对读取的 STL 模型文件进行拓扑重构处理,从而获取隐藏在离散三角面片集合中的拓扑信息。

假定在网格模型 M 中的离散三角面片集合为 F,在网格模型文件格式中用于保存 M 几何信息的三维空间顶点集合为 V,则显然在 STL 文件格式中顶点集合为三角面片数量的 3 倍,即 $V_{STL} = 3F$。由于 STL 文件中存在大量的顶点数据冗余,通过对网格模型中的拓扑关系进行分析,只需要通过接近三角面片数量一半的顶点数量,即 $V = 0.5F$,即可实现对网格模型几何信息的无损保存。华中科技大学快速制造中心由此于 2002 年提出了一种用于增材制造的网格模型数据交换文件格式 CS(compressed STL)。而对于最近新推出的增材制造文件格式 AMF、3MF 同样采用了相同的顶点保存方法,通过保存网格模型中非冗余的顶点集合,并基于这些顶点的索引信息保存网格模型中三角面片结构信息,从而从理论上可实现将 STL 文件体积降为原来的 1/6。基于上述分析,可以看出网格模型中的几何信息都是基于顶点集合构建的。基于这些顶点集合数据,可进一步构建网格模型中的三角面片集合以及边集合,因此,常见的高效的网格模型的拓扑重构方法主要是基于顶点集合开展的。

根据顶点数据在不同拓扑重构方法中的组织形式,可进一步将其划分为以下几类:基于数组的拓扑重构方法、基于链表的拓扑重构方法、基于哈希表的拓扑重构方法、基于二叉树的拓扑重构方法等。此外,也有以边集合基础的拓扑重构方法,如采用半边结构(half-edge structure)、翼边结构(wing-edge structure)、放射边结构(radial-edge structure)等来表示相邻三角面片之间的拓扑关系。

3.2.2　支撑结构生成

在模型预处理之后,大多情况下为了确保构件模型能够顺利成形,构件模型往往需要添加支撑结构来防止在成形过程中出现的坍塌、翘曲、裂缝等现象。支撑结构的生成效率直接决定增材制造软件数据处理的性能,生成的支撑结构越优化,意味着支撑结构在成形过程中能够提供越稳定的支撑效果以及越少的支撑材料消耗。由于支撑生成技术直接关系增材制造数据处理和成形的效率、成形的质量和成本,因此支撑生成技术是目前增材制造数据处理中的一个至关重要的环节。

随着支撑技术的不断发展,越来越多的研究工作致力于支撑结构的优化研究以提高支撑生成效率和降低支撑耗材。

一般情况下,在进行模型的支撑结构设计时,需要充分考虑以下因素:

(1) 工艺的区别。不同的增材制造工艺,对支撑的要求不同。有些工艺,因成形方式不同根本不需要支撑,如 SLS;有些工艺,对于模型的悬空部位必须添加支撑,如 FDM;有些工艺,添加支撑的目的是防止模型出现应力变形,如 SLM。

(2) 材料的性能。目前增材制造的原材料主要有 ABS 等塑料、树脂、陶瓷、石蜡、各类金属等。材料性能(如力学性能、导热性能等)不同,对支撑结构也将产生不同的影响。

(3) 构件的成形精度要求。由于支撑结构最终将被去除,去除过程必定对构件的表面精度造成影响。故对于一些表面精度要求比较高的构件,设计支撑结构时应尽量减少支撑体与构件的接触面积。

(4) 支撑结构的自支撑性。支撑结构的建立是为了在增材制造过程中,给构件的悬空部分提供支撑。因此,支撑结构必须自身具有支撑性。

(5) 支撑结构的强度和稳定性。支撑结构本身需满足一定的强度和稳定性,才能保证在成形过程中支撑结构及构件不会发生变形和垮塌。

按照生成的支撑结构形态特征,可以将支撑结构生成策略划分为以下几类:

(1) 垂直阵列支撑策略。该支撑策略往往采用在网格模型的悬垂区域下方填充一些简单的结构单元,如柱、块、网、蜂窝等,并将生成的支撑结构垂直接触在增材制造构件上,如图 3-2 所示。由于这类支撑结构生成方法简单并且支撑结构强度高,因而在一些增材制造软件中,如 Makerware、Cura、Kisslicer 等,也广泛采用这种支撑生成策略进行支撑结构生成。然而这类支撑结构在支撑形态上不紧凑,并且在实际制造中存在严重的支撑材料浪费问题。

柱状　　　　　　　　网状　　　　　　　　蜂窝状

图 3-2　垂直阵列支撑结构

（2）斜壁结构支撑策略。该支撑策略采用生成的支撑结构以斜壁的形式建立在网格模型表面上，以进一步减少生成的支撑结构所占用的空间，从而进一步减少支撑材料的消耗，如图 3-3 所示。尽管斜壁支撑生成方法在一定程度上减少了支撑材料的消耗，但是其支撑结构还有待进一步优化，并且相应的支撑生成方法的效率也有待提高。

图 3-3　斜壁结构支撑

（3）桥形结构支撑策略。该支撑策略采用桁架结构类型作为基本构建单元进行支撑结构生成。例如，Vanek 等通过在垂直的细杆之间构建水平连接杆的形式作为生成策略，提供了较为稳定的支撑结构强度以及对其上的悬垂区域提供了有效的支撑，如图 3-4 所示。尽管这种桥形支撑结构具有支撑消耗材料较少以及支撑效果相对稳定的优势，但是这些桥形支撑生成方法的实现往往严重依赖于模型切片过程或者路径规划过程，造成了模型预处理中的支撑生成方法与其他数据处理模块过于耦合，从而导致相应的支撑生成效率很难进一步提高。

图 3-4　桥形结构支撑

（4）树形结构支撑策略。该支撑策略采用细杆结构来支撑网格模型悬垂区域，并通过将多个细杆结构合并为树枝结构的方式，在网格模型表面或者打印基台之上形成树形支撑结构。华中科技大学快速制造中心提出一种基于局部质心的树形支撑生成方法，如图 3-5 所示，对于三维模型的悬垂区域生成的采样支撑点，基于分治策略逐层生成树形支撑结构，同时确保了树形支撑结构具有较优的支撑结构形态以及较稳定的支撑效果。

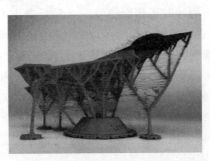

图 3-5　树形支撑结构

3.2.3　模型切片

1. 平面切片方法

当前增材制造中模型切片处理几乎都是基于 STL 文件展开的，其中研究最多的就是平面切片方法。其主要特征是采用平行的切平面与三维模型进行求交，从而获取层次切片轮廓数据。通常这些切片结果可保存为 SLC、CLI 等文件格式。相应的平面切片方法的基本算法实现如下：

（1）建立 STL 模型的拓扑信息，即建立三角形面片的邻接边表，从而对每一个三角形面片都能立刻找到它的三个邻接三角形面片。

（2）根据切片的 Z 值首先找到一个与切平面相交的三角形 F_1，算出交点的坐标值，再根据邻接边表找到相邻三角形面片并求出交点，依次追踪下去，直至最终回到 F_1，从而得到一条封闭的有向轮廓环。

（3）重复步骤（2），直至遍历完所有与 Z 平面相交的面片。如此生成的轮廓环集合即为切片轮廓。

为了保证切片算法在遇到 STL 文件错误的时候仍然能切出正确或接近正确的轮廓，HUST3DP 软件采用了一种快速容错切片处理方法。该方法需要设法保留原 STL 文件的全部信息，特别是关于错误的信息，因为这类信息在模型拓扑重构时往往被忽略。对于裂缝而言，即需要建立裂缝的边界轮廓环模型，它由裂缝处的三角形面片中没有邻接三角形的边组成，遍历该轮廓环即可依次找到该裂缝上的所有边。该轮廓环可在 STL 拓扑信息重构后通过如下方法建立：

（1）在三角形面片邻接边表找出所有孤边，即没有相应邻接三角形的边，对各边分别记录下它的两端点坐标和所属三角形等信息,构成孤边表。

(2)在孤边表中取出一条边,把它放到新建的裂缝轮廓环数组中,然后再在孤边表中搜索首端点与裂缝轮廓尾端点相连的边,也将它移到裂缝轮廓环数组中,反复搜索直至该裂缝轮廓闭合为止。由此形成一个裂缝的轮廓环模型,然后建立它的各边与邻接边表之间的双向索引。

(3)重复步骤(2),直至所有孤边都处理完毕。

建立了裂缝模型后,切片时遇到裂缝就不必强行中止了,而可以采用裂片跟踪技术将切片进程继续下去。如图 3-6 所示,在上文所述的切片算法步骤(2)中的切片轮廓追踪过程中,若遇到裂缝轮廓上的某一边,由于该边在邻接边表上没有相应的邻接边,将无法继续追踪下去,但根据该孤边到裂缝轮廓环模型的索引,就可以找到它所在的裂缝轮廓环,并在该轮廓环上继续跟踪下去,直至找到该轮廓环与切平面相交的另一条孤边,即可计算该孤边与切平面的交点并加到切片轮廓数组中,然后又可以由该孤边到邻接边表的索引追踪到正常的模型表面上,继续进行步骤(2)的切片进程,直至轮廓闭合。

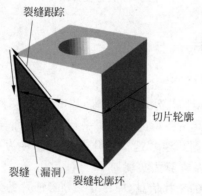

图 3-6 裂缝跟踪技术

随着增材制造技术的逐渐普及,客户提交加工的 STL 文件也存在多样化,采用的造型系统和造型方法都各有不同,其中有一些模型根本不符合加工规范,主要是构成模型的各个曲面之间没有完全连接在一起,而是存在一个微小尺寸的缝隙,反映在 STL 文件上就是存在贯穿模型全局的裂缝,即各曲面之间仍然是分离的,没有形成一个闭合表面。对这种模型如果直接采用裂缝跟踪方法将会失效,因为裂缝是贯穿全局的,沿裂缝只是跟踪曲面的另一边,而不是与该曲面相邻的另一个曲面。这时最有效的方法就是保留轮廓片断,在二维层次上进行修整。具体方法如下:在裂缝跟踪生成轮廓环时,对由裂缝跟踪生成的轮廓点做特殊标记,待所有的切片轮廓环都生成完毕后,再将所有裂缝跟踪生成的轮廓线段两端点间的距离及端点处的切线矢量夹角分别与预定门限值进行比较,如果超出,则说明该裂缝跟踪可能是错误的,这时需要将该裂缝跟踪线段删除,将原轮廓环拆分成数个轮廓片断。然后将整个切片轮廓中的所有片断 $C_1, C_2, \cdots, C_n$ 集中起来,依次计算任意两

个片断 C_i,C_j 之间不同端点间的联结度评价函数,按联结度高的两片断应联结在一起的原则再对轮廓片断重新组合。联结度评价函数根据实体模型的特征不同可有多种不同的形式,一般应遵循以下原则。

(1) 不自交原则:若两片断联结在一起生成自交环,则联结度为 0。

(2) 距离原则:一般情况下,两片断端点间距离小则联结度大,因为该处通常对应于实体模型裂缝。

(3) 切矢原则:两片断端点间切线矢量夹角小则联结度大。

由于通过裂缝跟踪,绝大多数断裂轮廓已经被正确联结,剩下的数目比较少,并且一般是被上文所述的全局细微裂缝分隔,十分容易识别,因此其评价函数比较容易实现,可做出一个基本适用于所有实体类型的评价函数,从而实现完全自动化容错切片。

为保证切片轮廓接近原始正确轮廓,当两片断端点间距较大时,不宜直接用一条直线连接,而应根据两不封闭线端点间距、切线矢量夹角等参数来中间内插 1~3 个顶点。经过上述二维层次上的修整,即可生成最终的切片轮廓。

2. 自适应切片方法

常规平面切片方法中固有的"台阶效应"缺陷,降低了增材制造实体的表面光洁度,如图 3-7(a)所示。尽管可以通过减少分层厚度的方式来减少"台阶效应",但是过于精细的分层厚度往往导致三维模型的成形效率降低。由此,自适应切片方

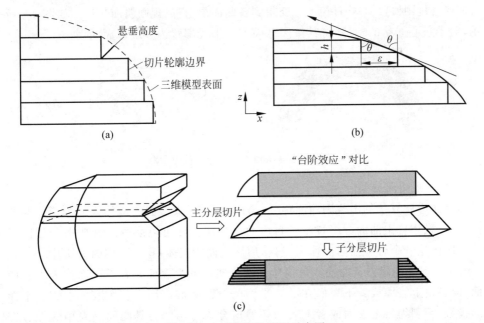

图 3-7　自适应切片原理示意图

(a)常规平面切片的"台阶效应";(b)层厚自适应切片方法示意图;(c)区域层厚自适应切片方法示意图

法被提出来,用以平衡常规平面切片方法中的成形效率与成形质量相互制约的问题。基于自适应分层方法中的自适应方式,可将其划分为以下两类:一类是根据三维模型的表面细节特征采用自适应分层厚度方法实现,如图 3-7(b)所示;另一类是根据三维模型的几何特征,采用基于区域的变层厚切片方法实现,如图 3-7(c)所示。

3. 曲面切片方法

为解决平面分层所导致的"台阶效应"以及平面分层产生额外支撑或者无法打印复杂形貌的零件等诸多问题,提出曲面分层切片方法,以突破传统增材制造必须基于平面分层制造的局限。平面分层对实体的形貌要求较高,微悬臂结构能够借助表面张力的作用在无支撑的条件下直接堆积成形。对于形状复杂的曲面实体,往往有较大悬臂结构,在平面分层时必须添加支撑结构,这将会产生更多问题:支撑设计缺乏统一标准,复杂结构支撑设计困难;支撑制造会提高材料成本,降低成形效率;支撑移除是一个耗时的后处理过程,同时会降低表面质量。

针对 WAAM 增材制造工艺,提出了曲面分层技术。曲面分层技术可依据构件形貌分为规则曲面分层技术和自由曲面分层技术。

1) 规则曲面分层

对于具有规则曲面的构件,如外表面包含球面、椭球面、圆管面的构件,可采用规则曲面分层方法。首先将构建规则的曲面作为刀具曲面,对刀具曲面按照一定的方向或者规则偏置,与构件模型求交得到各曲面层,完成规则曲面分层。如图 3-8 所示,对于空心球状的构件,将其按照球面刀具半径偏置为多层球面曲面。

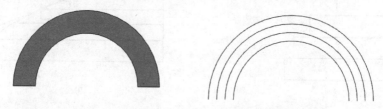

图 3-8　空心球状构件曲面分层截面示意图

2) 自由曲面分层

表面形貌复杂的不规则曲面称为"自由曲面"。大多数的构件表面为不规则曲面,因此采用自由曲面分层技术。自由曲面分层同样可以采用刀具曲面分层的思路。即构建一个合适的曲面作为刀具,用该曲面切实体模型,形成曲面切片。

第 1 步:构建刀具曲面。可简单地选择实体的上表面或者下表面作为刀具曲面,前提是上表面或者下表面在 XY 平面的投影区域等同于整个实体在 XY 平面的投影,否则须将上表面或者下表面拓展拟合为可用的刀具曲面。采用的拟合方法为 B 样条曲面,寻找到合适的点,作为拓展点,拓展曲面至该曲面在 XY 平面的投影区域等同于整个实体在 XY 平面的投影。

第 2 步：将刀具曲面沿 Z 向按一定距离阵列，距离为层高，阵列的数量跟三维模型的高度有关。

第 3 步：将阵列的刀具曲面与三维模型求布尔交运算，得到多层曲面，完成曲面分层。图 3-8 所示实体模型采用此方法进行曲面分层的效果如图 3-9 所示。

图 3-9　自由曲面分层示意图

华中科技大学快速制造中心提出一种基于曲面偏置的等层厚曲面分层的方法，针对模具再制造、钢节点制造等需要在曲面基底上成形的零件，选择基底曲面作为参考曲面，通过偏移参考曲面求解零件的各分层曲面，如图 3-10 所示。该方

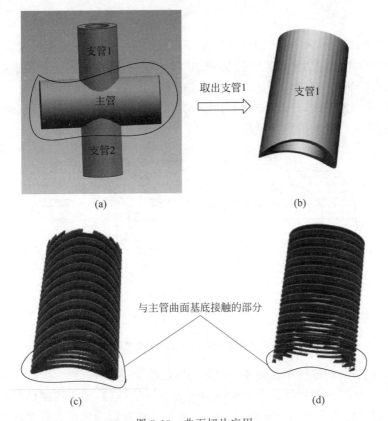

图 3-10　曲面切片应用

（a）钢节点 CAD 模型；（b）支管 STL 模型；（c）支管曲面分层；（d）支管平面分层

法能够实现基于成形基体、面向模型表面形貌特征优化的曲面成形,显著降低增材制造过程中的热量积累,并弱化"台阶效应",提高零件表面成形质量。

3.2.4　路径规划

1. 路径规划中的常规路径生成策略

增材制造系统中常用的路径规划策略主要有两类:光栅扫描和螺旋扫描。其中,光栅扫描具体可以归纳为两种:一种如图 3-11 (a)所示,相邻扫描线的起始点在不同的两端,虽然扫描线之间也是通过空跳连接,但是这样可以减少空跳的距离;另一种如图 3-11(b)所示,扫描线的起点始终在同一端,相邻扫描线之间通过空跳连接,所以需要跳转较大的距离。

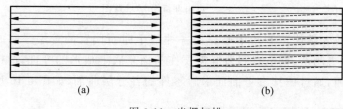

(a)　　　　　　　　　　　　　(b)

图 3-11　光栅扫描

如图 3-12(a)所示,连贯的光栅扫描在遇到孔洞的截面时需要关闭激光,因而存在空跳(图中虚线为空跳),从而影响加工效率。为此出现了一种改进的光栅分区扫描方式,如图 3-12(b)所示,扫描线避开了孔洞,通过对截面进行分区扫描,每一个分区内部除了可以减少空跳外,还具有和连贯扫描相同的其他优、缺点,这种扫描方式在光固化实际应用中最广泛。

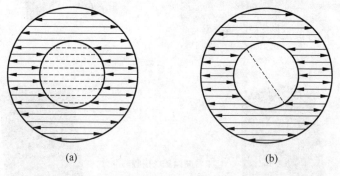

(a)　　　　　　　　　　　　　(b)

图 3-12　分区扫描
(a) 连贯式光栅扫描;(b) 分区优化光栅扫描

螺旋扫描的扫描线是轮廓环的一系列等距偏置线,如图 3-13 所示。

由于轮廓线在偏置过程中是逐渐向内等距收缩的,对于不规则的图形可能会出现图 3-13(b)所示的自交现象。这种扫描方式需要对轮廓环进行多次复杂的偏

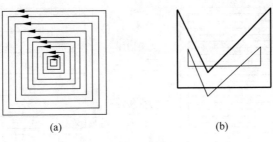

图 3-13　螺旋扫描

(a) 螺旋扫描策略；(b) 螺旋扫描自相交轮廓线

置处理,如除去偏置产生的多余环、轮廓环的自相交等问题。

　　实际的光固化 3D 打印软件中为了保证成形精度和成形速度,会综合光栅扫描方式和轮廓偏置扫描两者,即采用多重轮廓光栅扫描方式来进行加工。多重轮廓扫描是指将轮廓向实体部分偏置若干个激光扫描直径形成扫描路径,并在偏置的最里层轮廓基础上生成扫描填充线(见图 3-14),对模型截面进行填充,从而逐层堆积成形,完成构件加工。

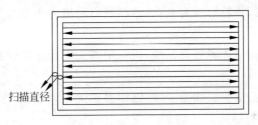

扫描直径

图 3-14　多重轮廓光栅扫描

　　现有的扫描方式通常采用单一大小尺寸的光斑进行加工成形,这样就使得填充间距不能过大,从而导致完成实体填充扫描线数量较多,而且相邻扫描线之间空跳时间和激光开关延时也会很多,使得加工效率受到影响。并且在光斑尺寸固定的情况下激光功率不能过高,否则会引起固化,所以高功率的激光器不能得到最大限度的使用。

　　成形效率一直是光固化打印最为关注的问题。如今,SLA 打印装置在结构上增加了一个光学扩束镜组及其控制系统,通过改变扩束镜组之间的距离,即可完成不同光斑大小的调节。在变光斑 SLA 系统中,一般使用大光斑和小光斑两种光斑进行加工成形:大光斑用于填充实体内部区域,小光斑扫描实体轮廓区域。如果不进行加工路径重构,按以前的扫描路径进行填充则可能会出现大光斑填充区域超出小光斑扫描轮廓的区域。这样造成内部固化的宽度大于外部轮廓固化宽度,多出来的固化部分会往外突出而导致零件表面的凹凸不平,进而产生路径外突问题,如图 3-15 所示。

　　在变光斑系统中,使用大光斑进行实体内部扫描时,扫描路径必须在初始的切

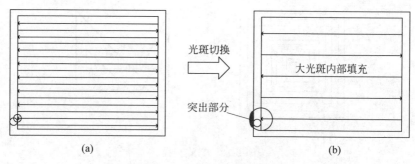

图 3-15　大光斑导致往外突出

(a) 定光斑路径；(b) 变光斑路径

片轮廓上偏置一定的距离。在这种情况下，该偏置方案可以以大光斑扫描轮廓线为基线向内偏置对应的光斑半径生成对应偏置线，最后在偏置线内进行平行扫描线填充，如图 3-16(a)所示。变光斑的路径规划可以分为以下四个步骤：

（1）以最外层轮廓为基线，向轮廓内进行距离为小光斑半径的偏置，得到小光斑扫描轮廓线。

（2）以小光斑扫描轮廓线为基线，继续进行距离为小光斑半径的偏置，得到小光斑扫描边界线。

（3）以小光斑扫描边界线为基线，进行距离为大光斑半径的偏置，得到大光斑扫描轮廓线。

（4）以大光斑扫描轮廓线为基线，继续偏置大光斑半径，得到的偏置线内部区域生成大光斑平行扫描线。

由于大小光斑为不同的光斑，因此实际打印过程中，它们之间存在一定的中心点偏差，如图 3-16(b)和(c)所示。因此，在进行变光斑打印前，需要进行光斑质量分析，不同光斑之间的测量必须在一定同轴度的误差允许范围内，即大光斑和小光斑的光斑中心位置不能偏离太多。

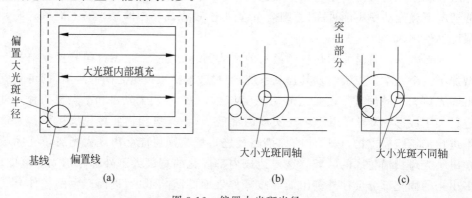

图 3-16　偏置大光斑半径

(a) 大光斑填充；(b) 大小光斑同轴；(c) 大小光斑不同轴

2. 路径规划中的多激光随机扰动负载均衡方法

针对大型、高效、高精的 SLS、SLM 装备的多激光路径规划数据处理研究问题，华中科技大学提出一种多激光器负载均衡、基于随机扰动曲线搭接分区、多工位规划方法[29]，以提高大型装备的可成形性、效率与进度。

首先建立待加工零部件的三维模型，获得描述该模型的 STL 格式文件；然后根据 STL 文件对模型进行分层切片离散处理，获得每一个离散层的模型轮廓。

相邻振镜扫描区并不是完全独立的，在每两个相邻振镜扫描区的中间设置一个重叠区域。在做当前离散层轮廓的各个振镜扫描系统实际工作区域的分割时，并不是沿相邻振镜扫描区中间分割，而是基于二分检索和上下层相关性原理，在重叠区域内找到优化的分割线使每个振镜扫描系统加工时间基本一致。算法步骤如下：

(1) 设置当前层初始分割线。如果当前离散层是第一层，则设置初始分割线为每对相邻振镜扫描区重叠区的中线；反之，根据上一层分割线并考虑基于多重随机权因子、具备局部非规则性的可控随机扰动曲线动态生成方法来实时设置分割线。此处利用了零件上下层之间一般具备相似性、不会突变的现象，减少不必要的搜索次数。

(2) 评定所有初始分割线性能。以初始分割线分割当前离散层实体轮廓为该分割线两侧相邻两个振镜的工作区域，并计算各个区域的加工时间。加工时间按照加工路径、扫描速度、拐点延迟及空跳速度计算，若相邻两个区域的加工时间基本一致，则此分割线为优化分割线，优化结束，跳至步骤(1)，反之进入步骤(3)。

(3) 优化初始分割线。基于当前分割线所分割的子区域，计算该分割线两侧相邻两个扫描区域的加工时间差值比例，以此成比例调整分割线的左右跳动距离，进而完成当前分割线的优化。完成所有分割线的优化后进入下一步。

(4) 针对步骤(3)优化后的所有分割线进行再优化算法，最后离散层数加 1，跳回步骤(1)继续分割下一层离散平面。

经过上述分割算法的步骤(3)优化后得到的分割线，已经基本能够保证该分割线两侧相邻两个激光振镜扫描系统的扫描子区域相当，即工作负载均衡。但是在实际应用中，为了避免将模型内部结构可能存在的、截面积很小的薄壁或支撑结构进一步分割为两个更小的子区域，从而导致振镜扫描启停频繁、效率过低问题，需要对分割线进行再优化，步骤如下：

(1) 计算分割实体轮廓的面积。利用初次优化后得到的分割线对当前层加工轮廓做相交性检测，其算法为经典的射线法，计算与分割线相交的轮廓环面积以及分割线穿过轮廓环的长度。

(2) 分割线再优化。如果该轮廓环面积较小，则认定为薄壁或柱状支撑结构，计算轮廓环被该分割线分割后形成的两个子轮廓环的面积，找到其中面积较小的一个,将分割线与该轮廓环做布尔并运算,由此可得规避穿越薄壁或柱状支撑的优化分割线。

基于多激光随机扰动负载均衡路径规划的应用结果如图 3-17 所示。

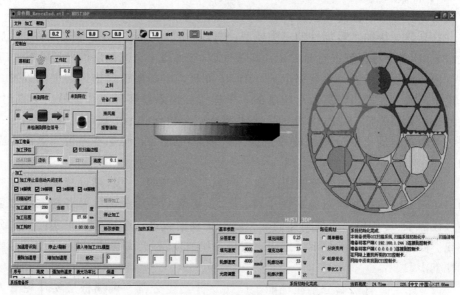

图 3-17　基于多激光随机扰动负载均衡路径规划应用结果

3. 路径规划中的增/减材复合路径规划方法

增减材复合成形的基本内容是集电弧增材/机加工减材于一体的成形方式,在增材的同时进行减材,通过边增边减的方式提高制件的精度,从而有效解决电弧增材精度不够高的问题。电弧增材/机加工减材成形方法的基本思路是:先对制件进行切片,对得到的每个切片采用电弧增材的方式进行填充,然后对每层切片的减材区域进行铣削减材,从第 1 层至最后一层,如此循环,直至加工完成。具体地,需要进行下面几个步骤:

(1) 构建该零件的三维模型,并生成 STL 格式。

(2) 进行平面切片,得到模型的轮廓几何信息。

(3) 对零件进行一定层高的平面切片,分别得到 AB 部分和 BC 部分的一系列闭合环状轮廓,如图 3-18 所示。

1) 对每层切片进行增材路径规划,得到填充路径

对 AB 段实体中的某层切片,黑色实体环状轮廓所包围的区域是需要通过电弧增材填充的区域,现对其进行增材路径规划。这里采用简单的由 Z 字形路径加轮廓路径组成的混合路径对其进行填充,得到如图 3-19 所示的平面路径规划。焊枪中心沿着图示绿色混合路径轨迹行进,对切片层进行填充,直至填充完整个切片。

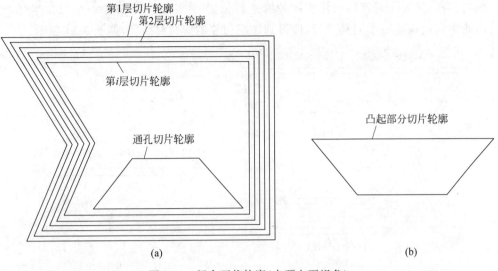

图 3-18　闭合环状轮廓（自顶向下视角）

（a）*AB* 段闭合环状轮廓；（b）*BC* 段闭合环状轮廓

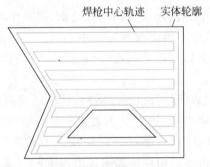

图 3-19　*AB* 段切片平面路径规划（见文前彩插）

对于 *BC* 段实体中的某层切片,采用轮廓路径方式进行填充比较合理,得到如图 3-20 所示的平面路径规划。焊枪中心沿着图示绿色轮廓路径轨迹行进,对切片层进行填充,直至填充完整个切片。

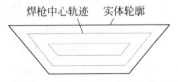

图 3-20　*BC* 段切片平面路径规划（见文前彩插）

2）求解减材区域,对得到的减材区域进行减材路径规划

减材内容分为两部分。

其一,对每层切片侧面进行机加工减材,提高表面精度。为了得到该层侧面的

减材路径,需要先对该层切片实体轮廓进行偏置,外轮廓向外偏置一个刀具半径,内轮廓向内偏置一个刀具半径,即得到该层切片侧面减材路径,如图 3-21 所示。

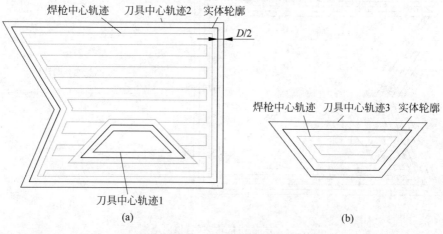

图 3-21　轮廓偏置及刀具中心轨迹图(见文前彩插)
(a) AB 段某切片；(b) BC 段某切片

在图 3-21 中,刀具中心轨迹 1 为内偏置轮廓,刀具中心轨迹 2、3 为外偏置轮廓。机加工减材时,刀具中心沿着红色刀具中心轨迹进行减材,修整粗糙表面,提高表面精度。对一系列实体切片轮廓进行偏置,可以得到各切片侧面的减材刀具中心轨迹。

其二,对每层切片上表面进行机加工减材,这时需要判断:若该层切片轮廓和其相邻上面一层切片轮廓相同,则对其上表面不进行减材;若该层切片轮廓和其相邻上面一层切片轮廓不相同,则对该层切片上表面进行减材。令减材区域为 $A = M - N$,其中,M 为由该层切片轮廓多边形组成的区域,N 为相邻上面一层切片轮廓多边形组成的区域,两者的差集即为减材区域 A。

如图 3-22 所示,BC 部分切片轮廓均相同,即 $M - N = 0$,这意味着 BC 部分上表面减材区域 A 为 0,即不对其上表面进行减材,仅对其侧面减材加工。同理,AB 部分通孔切片轮廓也是相同的,也是仅对其侧面进行减材机加工。

对于 AB 部分外轮廓,第 1 层外轮廓与第 2 层外轮廓不相同,即减材区域 $A = M - N \neq 0$,则需对第 1 层上表面减材区域进行减材加工,如图 3-22(b)中阴影部分所示。得到减材区域 A 后,便可进行后续的减材路径规划。对于 AB 区域,任意相邻两层 i、$i+1$ 间的减材区域 A_i 都是第 1 层与第 2 层的减材区域 A 的相似图形,为了简单处理,只需对第 $i+1$ 层切片的轮廓偏置一个刀具半径即可得到第 i 层的上表面减材路径。至此已初步完成 AB 部分的减材路径规划。接下来讨论上表面 B 分界面的减材路径规划。

可以看到,B 分界面是需要重点讨论的临界面。如上文所述,通过判断相邻层间差异,获取减材区域,当增减材连续进行至实体 B 分界面时,通过判断 B 分界面

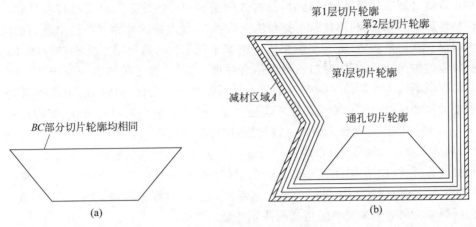

图 3-22　实体减材区域的求取

(a) BC 部分上表面减材区域；(b) AB 部分上表面减材区域

轮廓和下一层截面轮廓(可以看到下一层截面轮廓为 BC 部分一层截面轮廓)的差异,计算出 B 分界面需要减材加工的区域,如图 3-23 所示。

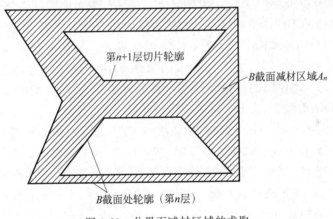

图 3-23　分界面减材区域的求取

得到减材区域后,通过类比增材路径规划,采用简单的由 Z 字形路径加轮廓路径组成的混合路径进行机加工减材来修整上表面,从而达到较高的精度。根据得到的增减材复合成形路径,对每层切片进行电弧增材/机加工减材操作步骤,直至完成整个零件的成形。

3.2.5　4D 打印数据处理流程

随着高端制造领域对构件的要求越来越高,智能构件的材料-结构-功能一体化制造将是新的发展方向,因此增材制造软件也需要对 4D 打印智能构件有所支持。增材制造智能结构设计的挑战目前主要体现在两个方面:一是在利用智能材料进行增材制造智能结构设计时,结构件的激励响应特性是同时受材料本身和结构特性影响的,如何利用材料本身和结构的特点,使之能对外界刺激做出适当的响应以保证其正常功能,是一个亟须解决的基本问题;二是利用多材料进行增材制造智能结构设计时,不同材料的界面结合强度、理化特性之间的影响规律,以及在外界刺激下结构件的最终响应效果与各材料参数变化之间的协同机制尚不明确,需要大量的理论研究与实验验证才能建立起一套行之有效的设计方法,实现材料-结构-功能的一体化成形。面对上述挑战,增材制造软件也需要提供相应的解决方案,具体表现在如何将 4D 智能构件的设计需求映射成对应的材料、结构、工艺分布和如何解析材料、结构、工艺一体化的数据信息以指导后续智能构件的加工,因此,构建一种包含材料-结构-工艺一体化多维度信息的数据模型,并支持后续解析的数据处理流程对未来发展的增材制造软件是必要的。

4D 打印技术的研究目前还处于起步阶段,仍缺乏针对智能构件设计的理论与方法体系,缺乏材料与工艺的匹配性研究,尚无对智能构件功能的评测与验证方法,本书认为 4D 打印具备可预编程的"刺激-响应"能力。从生命周期分析来看,4D 打印软件在各个阶段应分别具有以下核心数据元素,如图 3-24 所示。

（1）需求分析阶段。静态建模为 3D 几何模型,为实现零件性能最优化,需要对 3D 几何模型的不同部位赋予不同的性能属性,即升级为实体模型。动态建模需要加入时空轴和外部刺激元素,定义刺激-响应模式。为抽象刺激-响应模式提炼出智能结构的数字化表达,需要对典型的刺激-响应实现机制与制造手段进行分析,找到内部起关键作用的结构设计与材料分布要素,获取典型的刺激-响应模式到智能结构的映射关系,为下一阶段工作做准备。

（2）设计阶段。核心任务为根据"刺激-响应"反推零件中多材料分布与特定智能结构设计与分布。核心数据结构为 3D 实体模型,预期用模型而非单纯的"学习"（施加外力变形）实现预编程。数据处理模型需设计如下关键表达方法:多材料——多种智能/非智能材料宏观（不同体）/微观（梯度）组;多结构——宏介微观多尺度结构;结构各向异性——矢量场;应力注入——内应力场可控。

（3）解析阶段。4D 打印数据结构的处理流程随着 4D—3D—2D—1D 的降维,其所表达的多维度信息需要同步解析,以实现 4D 打印零件的完整制造过程。核心数据结构应满足如下关键需求:4D 智能结构"刺激-响应"的需求到 3D 实体及空间属性的映射;三维多信息复合物理场到 2D 切片的数据解析计算;2D 多信息切片数据到 1D 路径的加工指导。

（4）制造阶段。具备普适性的方法是采用逐点逐域成形的方法制造,实现区域材料组分/结构可控,从而满足在设计阶段提出在零件合适位置部署合适的智能材料/智能结构的要求。预期要设计如下核心数据模型:多材料成形——几何路径＋材料配比数据;多能场调控——路径与能场的同步关系;增材/等材/减材复合——多种工艺数据的统一格式与整合。

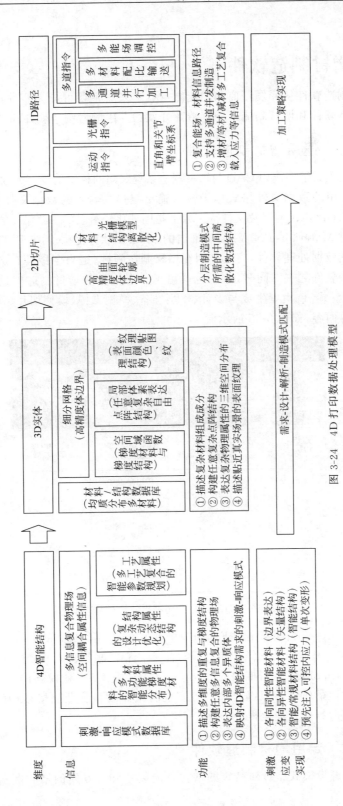

图 3-24 4D 打印数据处理模型

3.3　增材制造软件

增材制造软件从开发厂商和功能侧重点上来看主要可分为两种：独立的第三方增材制造软件和增材制造系统制造商开发的专用增材制造软件。

3.3.1　通用增材制造软件

国外涌现了很多作为 CAD 与增材制造系统之间的桥梁的第三方软件，这些软件一般都以常用的数据文件格式作为输入输出接口。输入的数据文件格式有 STL、IGES、DXF、HPGL、CT 层片文件等。以下是国外比较著名的一些第三方接口软件。

比利时 Materialise N. V. 公司推出的 Magics 软件是一个基于 STL 文件的通用增材制造数据处理软件，广泛应用在增材制造领域，是当今最具有影响力的第三方增材制造软件之一。同时，他们也推出了一套完整的增材制造数据处理流程的软件族，覆盖了 3D 模型生成与设计、模型准备、模型支撑、模型切片、路径规划以及控制制造等内容，如图 3-25 所示。

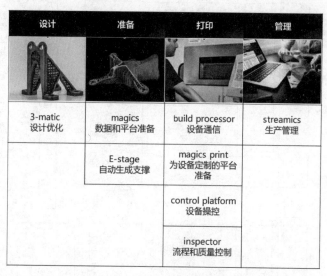

图 3-25　Materialise 公司推出的增材制造软件族

美国 Autodesk 公司推出的 Fusion 360 和 Netfabb 是集成式的 CAD、CAM 和 CAE 软件，可以实现基于云的三维产品的开发、设计、优化、模拟仿真和制造的全流程。

美国 nTopology 公司推出的 nTop Platform 是 CAD 建模软件，它将拓扑优化与创成式设计集成到 CAD 软件中，可实现隐式曲面和复杂晶格结构的建模，同时支持增材制造数据处理流程。

3.3.2　专用增材制造软件

另一种开发模式是针对特定的增材制造装备开发专用的增材制造处理和 NC

加工软件。这类软件整合了增材制造加工所需要的全部功能,针对增材制造装备操作人员进行开发,因而操作非常简单,并且能针对硬件装备的特点对增材制造加工数据和控制流程进行优化,确保装备的加工效率。

国外的主要大型增材制造系统生产商一般都开发自己的数据处理软件,如德国 SLM Solutions 公司的 Solutions 软件、美国 3D Systems 公司推出的一体化集成式 3D 增材制造软件 3DXpert、德国 EOS 公司的 EOSPRINT 2 软件,以及美国 VELO 3D 公司发布的 Flow 软件等。

开发专有软件的主要缺点在于:由于增材制造软件的开发需要很高的专业水平,要耗费大量的财力和时间,并不是每一家增材制造硬件厂家都有足够的能力和资源来开发符合自己要求的高质量增材制造软件。现在国外出现了增材制造装备生产商购买第三方数据接口软件的趋势。例如,3D Systems 公司与 Imageware 公司达成协议,采用 Imageware 的增材制造一系列模块作为 3D Systems SL 工具箱,而 Sanders Prototype 公司也采用了 STL-Manager 作为自己的数据接口软件,另外,德国的 F&S 公司也购买了 Magics 软件的部分模块。

3.3.3　专用增材制造软件——HUST3DP 简介

华中科技大学快速制造中心独立研发的 HUST3DP 是一个基于 HK 系列快速成形机的增材制造数据处理及数控(numerical control,NC)加工软件,它具有如下特点:

(1) 采用"虚拟机"机制。HUST3DP 支持 HK 全系列快速成形装备,包括 LOM、SLS、SLA 和 FDM 4 种制造方式的 10 余种硬件型号,并且根据不同硬件装备在具体界面、数据处理和 NC 加工方面都分别做了优化。从用户的角度来看,HUST3DP 是一个 HK 专用的系列软件,但实质上这一系列软件都共享一个通用的增材制造软件内核和用户界面框架,所不同的是外挂的"虚拟机"模块。可以说,HUST3DP 是一个通用软件,理论上通过定制开发"虚拟机"的方式可支持业界所有的增材制造装备。

(2) 独有的"容错"切片功能。以往的增材制造软件一般不能直接处理有错的 STL 模型文件,必须通过 STL 纠错软件修复 STL 模型之后才可进行加工制造,手工纠错过程非常烦琐,并且需要操作人员具有丰富的纠错经验。HUST3DP 内置了"容错"切片功能,对目前 90% 以上的有错 STL 模型都可以直接处理,不需要另行纠错,这大大减轻了操作人员的负担。

(3) 功能完备。HUST3DP 具有 STL 模型的浏览、变换、切片、轮廓数据优化、加工时间预估、模型复杂度评估、远程监控等功能,同时提供客户可选的一系列增值模块,如 STL 文件剖分、少硅橡胶模 CAD、SLA/FDM 支撑生成等。HUST3DP 的主要功能如图 3-26 所示。

(4) 操作简单,可用性强。全系列 HUST3DP 软件在整体软件界面和操作风格(见图 3-27)上完全一致,易于学习。并且根据增材制造装备操作人员的实际情

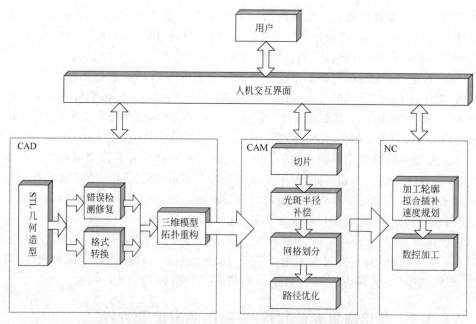

图 3-26   HUST3DP 功能示意图

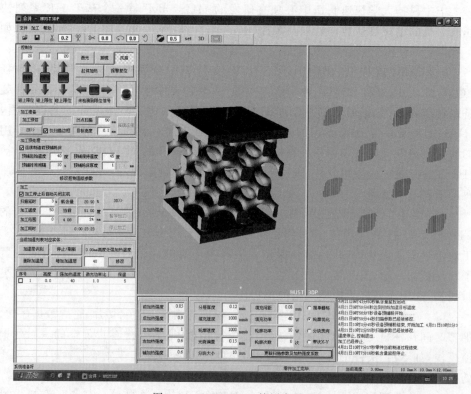

图 3-27   HUST3DP 的用户界面

况设计了简洁的用户界面,用户执行一项指定任务时,一般只需非常少的几步操作就可完成,不需要操作人员的手在键盘和鼠标之间切换,眼睛视线也不需要频繁移动,操作非常舒适。

思考题

1. 简述增材制造软件的分类。
2. 简述增材制造软件支持的通用文件格式。
3. 简述增材制造软件支持的通用功能模块。
4. 简述增材制造软件模型数据处理流程。

第4章

非金属材料3D打印技术

4.1 熔融沉积成形

熔融沉积
成形技术

熔融沉积成形(fused deposition modelling,FDM)的原理是将加工成丝状的热熔性材料经过送丝机构送进热熔喷嘴,在喷嘴内丝状材料被加热至熔融状态,同时喷头沿构件层片轮廓和填充轨迹运动,并将熔融的材料挤出,使其沉积在指定的位置后凝固成形,与前一层已经成形的材料黏结,层层堆积最终形成产品模型。

FDM工艺的关键是保持熔融的成形材料刚好在凝固点之上,通常控制在比凝固点高1℃左右。目前,最常用的熔融线材主要是ABS、人造橡胶、铸蜡和聚酯热塑性塑料等。

FDM系统主要包括喷头、送丝机构、运动机构、加热工作室、工作台五个部分。其中,喷头是最复杂的部分,材料在喷头中被加热至熔融状态,喷头底部有一喷嘴供熔融的材料以一定的压力挤出,喷头沿构件截面轮廓和填充轨迹运动时挤出材料,与前一层黏结并在空气中迅速固化,如此反复进行即可得到实体构件。在FDM制备构件过程中,需要考虑支撑的设计和制造,支撑可以与模型制备材料采用同一种材料建造,此时只需要一个喷头完成模型的制备和支撑材料的熔融成形;也可以采用双喷头独立加热的方式,一个用来喷模型材料制造构件,另一个用来喷支撑材料做支撑,两种材料的特性不同,制作完毕后去除支撑相当容易。

送丝机构为喷头输送原料,送丝要求平稳可靠。原料丝一般直径为1~2mm,而喷嘴直径为0.2~0.3mm,这个差别保证了喷头内熔融后的原料能以一定的压力和速度(必须与喷头扫描速度相匹配)被挤出成形。送丝机构和喷头采用推-拉相结合的方式,以保证送丝稳定可靠,避免出现断丝或积瘤的问题。

1. FDM工艺原理

1) XYZ坐标系运动结构

运动机构包括X,Y,Z三个运动轴。FDM工艺的原理是把任意复杂的三维构件转化为堆积的平面图形,因此不再要求机床进行三轴及三轴以上的联动,从而大大简化了机床的运动控制,只要能完成二轴联动就可以了。X-Y轴的联动扫描完成 FDM 工艺喷头对截面轮廓的平面扫描,Z 轴则带动工作台实现高度方向的进给运动,如图 4-1 所示。

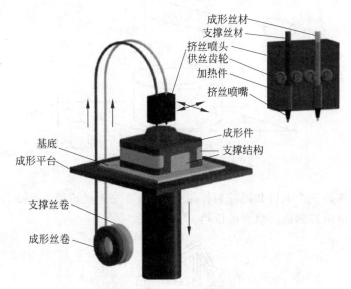

图 4-1　FDM 工艺原理示意图

加热工作室用来给成形过程提供一个恒温环境。熔融状态的丝挤出成形后如果骤然受到冷却,容易造成翘曲和开裂,适当的环境温度可最大限度地减小这种造型缺陷,提高成形质量和精度。

工作台主要由台面和泡沫垫板组成,每完成一层成形,工作台便下降一层高度。

2) 极坐标系运动结构

若将水平面内的进给改为极坐标系下的进给,即旋转轴 C 轴控制角度,直线轴 X 控制极径方向,同样可以完成工件的加工。极坐标系下的 FDM 快速成形机结构如图 4-2 所示,就是将水平面内的直角坐标系进给改为极坐标系下的进给,并且实体内部填充时采用圆弧进行填充。其中,电机 1 带动 Z 轴旋转,构成回转运动即极角方向的运动;电机 2 和电机 3 带动双喷头的直线进给,完成极径方向的运动;电机 4 实现工作台的上下运动,控制成形过程中的逐层累积,这种结构符合水平面内极坐标加工的数学模型。[3]

3) 笛卡儿坐标运动结构

三臂并联三维成形装置的机身为三棱柱体,上下底面和侧边通过连接件连接在一起,三个侧边内侧均安装有导轨滑块机构,三个滑车分别与对应的导轨滑块机构接在一起,滑车上设置有可供螺丝拧入的孔,将螺丝拧入孔中后,通过旋转螺丝的松紧度改变螺丝伸出的长度从而调节滑车与设置的限位开关的距离,如图 4-3 所示。两根连杆一端左右对称地与滑车连接在一起,另一端与喷头部分连接在一

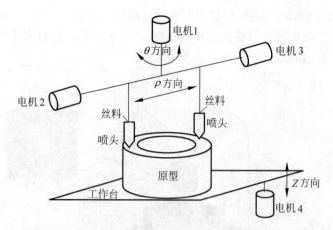

图 4-2 极坐标 FDM 快速成形机结构图

起。机器底部的三个电机共同控制打印头在 XYZ 三个坐标轴上运动,再通过三角架侧边两个电机控制成形材料的供给。[4]

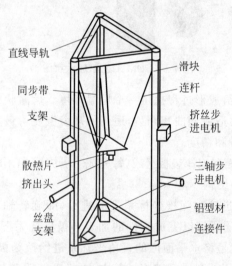

图 4-3 三臂并联式打印机结构模型

最快 FDM 桌面 3D 打印机

FDM工业级3D打印

2. 喷头的结构和控制方法

喷头是实现 FDM 工艺的关键部件,其结构设计和控制方法是否合理,直接关系成形过程能否顺利进行,并最终影响到成形质量,所以喷头设计是 FDM 系统设计的重要组成部分。根据喷头的功能和作用,喷头系统应包括两个基本组成:一是送料部分;二是塑化和喷嘴部分。同时,作为基本机电单元,喷头还应包括机械结构和控制系统,二者互相统一、不可分割。

1)柱塞式喷头

柱塞式喷头的工作原理如图 4-4 所示。成形时,控制信号使送丝机构的电机动作,通过齿轮传动驱动两个在圆柱面上带有环形浅凹槽的轮子(以下简称驱动轮),丝料经牵引到两个驱动轮间而被夹住,依靠两个驱动轮旋转所产生的摩擦力将丝料送往与喷头相连的导向塑料软管,再被送入喷头。喷头中有靠温度传感器控制的加热器,送入的丝料被高温熔化,然后通过丝料的活塞推进作用使其由喷嘴挤出。在设计送丝驱动部分时,需要考虑送丝驱动力的大小,因为该驱动力若有较大波动将直接影响成形质量。

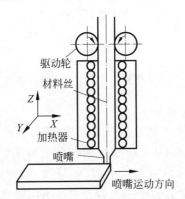

图 4-4　柱塞式喷头工作原理示意图

　　加热器提供热量使丝料熔融。FDM 工艺对温度的要求较为严格,必须将喷嘴出丝温度和成形室温度控制在一定范围内,而且一旦设定温度值后必须保证其处于稳定状态,否则将影响成形质量。这就要求稳定控制加热器温度。若温度控制不好,驱动轮夹住的丝料会受热熔化,引起打滑甚至断裂造成供料失败。另外,由于喷嘴孔径很小,容易堵塞,所以需要驱动轮提供很大的摩擦力来推动柱塞。

　　采用柱塞式喷头的 FDM 快速成形机大多采用丝料进料,而进料方式要求丝料具有较好的弯曲强度、压缩强度和拉伸强度,这样在驱动轮的牵引力和驱动力作用下才不会发生断丝和弯曲现象。另外,材料还应具有较好的柔韧性,以防在弯曲时轻易折断。由于丝料在加热腔内还能起到推进活塞的作用,为了提高其抗失稳能力,丝料必须具有足够高的弹性模量。ABS 具有一些优异的性能,应用范围极为广泛,FDM 快速成形机多选用改性 ABS 作为成形材料。

　　2) 螺杆式喷头

　　螺杆式喷头内的螺杆与送丝机构由可沿 R 方向旋转的同一台步进电机驱动,当外部计算机发出指令后,步进电机驱动螺杆,同时又通过同步齿形带传动与送料辊,将丝料送入成形头。在喷头内由于电热棒的作用,丝料呈熔融状态,并在螺杆的推挤下通过喷嘴挤出(图 4-5)。

　　由于螺杆式喷头内的熔料是在螺杆的作用下被挤出的,因此能够解决柱塞式喷头挤出压力不足的问题。另外,螺杆式喷头跟柱塞式喷头一样采用丝料进料方式。与其他使用粉末和液态材料的工艺相比,丝料较清洁,易于更换、保存,不会在装备内或附近形成粉末或液体污染。

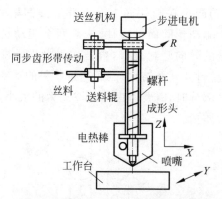

图 4-5　螺杆式喷头工作原理示意图

3）螺杆式挤出塑化双喷头

螺杆式挤出塑化双喷头与螺杆式喷头相比,其区别在于采用了料斗进料方式,并且同时存在两个喷头,如图 4-6 所示。颗粒状或粉末状物料通过强制加料装置进入喷头,在喷头中塑化均匀后送至喷嘴,然后被选择性地涂覆在工作面上。此时,两个微型螺杆式挤出喷头的作用有两个:一个用于挤出模型材料,另一个用来挤出支撑材料,在成形时可选取两种不同特性的材料(图 4-7)。挤出头的主要作用有两个:一是传输、压实、均匀塑化物料;二是为塑化物料从喷嘴顺利挤出提供动力。

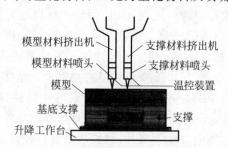

图 4-6　螺杆式挤出塑化双喷头工作原理示意图

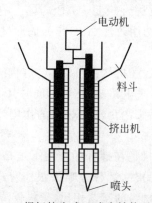

图 4-7　螺杆挤出式双喷头结构示意图

因为该成形喷头采用了料斗,从而可以使用不易被制成丝材材料作为成形材料。这类材料选择范围很广,如无机非金属粉末、有机聚合物粉末及其颗粒、金属粉末及其混合物等。但如何实现在室内方便地添加粉料、粒料而又不造成污染是需要解决的问题。

目前,应用于 FDM 工艺的材料基本上是聚合物。成形材料一般为 ABS、石蜡、尼龙、聚碳酸酯(PC)或聚苯砜(PPSF)等。支撑材料有两种类型:一种是剥离性支撑,需要手动剥离构件表面的支撑;另一种是水溶性支撑,可分解于碱性水溶液中。[9]

在进行 FDM 工艺之前,聚合物材料首先要经过螺杆挤出机制成直径约 2mm 的单丝,以达到挤出成形方面的要求。此外,针对 FDM 的工艺特点,聚合物材料还应满足以下要求:

(1) 机械性能。丝状进料方式要求料丝具有一定的弯曲强度、压缩强度和拉伸强度,这样在驱动轮的牵引力和驱动力作用下才不会发生断丝现象;支撑材料只要保证不被轻易折断即可。

(2) 收缩率。成形材料收缩率大会使 FDM 工艺中产生内应力,使构件产生变形甚至导致层间剥离和构件翘曲;支撑材料收缩率大会使支撑产生变形而起不到支撑作用。所以,材料的收缩率越小越好。

(3) 对于成形材料,应保证各层之间有足够的黏结强度。对于可剥离性支撑材料,应与成形材料之间形成较弱的黏结力;而对于水溶性支撑材料,要保证其具有良好的水溶性,应能在一定时间内溶于碱性水溶液。

4.2　光固化成形

液态树脂光固化成形技术

光固化成形的全称是立体光固化成形(stereo-lithography appearance,SLA),是目前应用最广泛,也是最成熟的一种 3D 打印技术。它以液态光敏树脂为原材料,利用激光或者紫外光按规定构件的各切层信息有选择地固化液态树脂,从而形成一个固体薄面,加工完一层后,工作台运动,在液槽内重新涂覆一层树脂,进行固化。如此循环,直到整个构件被加工完成。

1. 激光扫描光固化成形原理

激光扫描光固化(laser scanning stereo-lithography)利用的光源是由激光器发出的激光束,其基本工艺原理是对所需要成形的构件进行 CAD 建模,将建成的模型离散化,得到能够应用于光固化成形机的 STL 格式文件。然后将 STL 文件导入切层软件,按照一定的层厚进行切层,从而形成一系列二维平面图形,再利用线性算法对其进行扫描路径规划,得到包括截面轮廓和内部扫描两方面的最佳路径。切片信息及所生成的路径信息作为命令文件导入控制成形机,进而由成形机控制激光束进行扫描固化。

激光扫描光固化成形原理如图 4-8 所示。液槽中装满液态光敏树脂,激光器发出的激光束在成形机的控制下按构件各截面的分层信息在光敏树脂表面进行逐点扫描,被激光扫描的树脂区域产生光聚合反应固化,形成一薄层。一层固化完毕后,工作台向下移动一个层厚,在上一固化层上涂覆一层新的树脂,然后激光束根据模型第二层的分层信息进行液态树脂的扫描固化,使新固化的一层牢牢黏结在上一固化层上。如此重复,直到整个构件加工完成,得到一个三维实体构件。

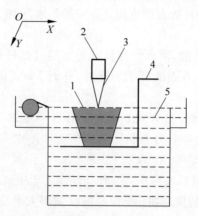

1—零件；2—扫描镜；3—激光束；4—升降台；5—树脂。

图 4-8　激光扫描光固化成形原理

2. 面曝光光固化成形原理

面曝光光固化(mask image projection stereo-lithography)采用具有高分辨率的数字微镜阵列(digital micromirror devices,DMD)投影芯片作为光源。按成形时光源投射方向不同,面曝光光固化技术分为两种:顶曝光(自由液面式)光固化和底曝光(限制液面式)光固化,如图 4-9 所示。

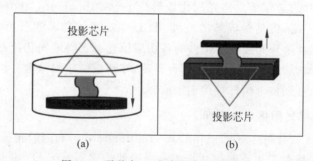

图 4-9　顶曝光(a)和底曝光(b)光固化

面曝光光固化成形原理如图 4-10 所示。液槽中装满液态光敏树脂,打印开始时 Z 轴电机带动工作台运动到距离透明液槽底部一段距离,工控机将模型的分层信息传给光源系统,光源系统通过控制 DMD 投影芯片投影出初始层的图案,光从液槽底部透过,照射最底层的光敏树脂,并按 DMD 投影芯片投影出的图案固化第 1 层树脂。然后将工作台先缓慢上升分离已固化层与液槽底部,然后工作台下降到第 2 层位置,DMD 投影芯片投影出第 2 层的图案,使第 2 固化层黏结到上一固化层上。重复进行以上步骤,直到整个切层被打印完,得到三维实体构件。

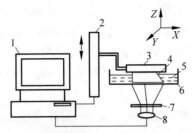

1—工控机；2—Z 轴平移台；3—工作台；4—已成形构件；
5—光敏树脂；6—液槽；7—DMD 芯片；8—光源。

图 4-10　面曝光光固化成形原理图

3. 光固化成形材料

最早应用于 SLA 工艺的液态树脂是自由基型紫外光敏树脂,主要以丙烯酸酯及聚氨酯丙烯酸酯作为预聚物,固化机理是通过加成反应将双键转化为单键,如 Ciba-Geigy Cibatool 公司推出的 5081、5131、5149,DuPont 公司推出的商业化树脂 2100(2110)、3100(3110)。这类光敏树脂具有固化速度高、黏度低、韧性好、成本低的优点。其缺点是:在固化时,由于表面氧的干扰作用,使成形构件精度较低;树脂固化时收缩大,成形构件翘曲变形大;反应固化率(固化程度)较环氧系的低,需要被二次固化;反应后应力变形大。

后来又开发了阳离子型紫外光敏树脂,主要以环状化合物及乙烯基醚作为预聚物,固化机理为在光引发剂的作用下,预聚物环状化合物的环氧基发生开环聚合反应,树脂由液态变为固态。阳离子型树脂的优点是:聚合时体积收缩小;反应固化率高,成形后不需要二次固化处理,与需要二次固化的树脂相比,不发生二次固化时的收缩应力变形;不受氧阻聚;由于成形固化率高,时效影响小,因而成形数月后也无明显的翘曲及应力变形产生;力学性能好。缺点是:黏度较高,需添加相当量的活性单体或低黏度的预聚物才能达到满意的加工黏度;阳离子聚合通常要求在低温、无水情况下进行,条件比自由基聚合苛刻。

目前,将自由基聚合树脂与阳离子聚合树脂混合聚合的研究较多,这类混合聚合的光敏树脂主要由丙烯酸系列、乙烯基醚系列和环氧系列的预聚物或单体组成。由于自由基聚合具有诱导期短,固化时收缩严重,光熄灭后反应立即停止的特点,而阳离子聚合诱导期较长,固化时体积收缩小、光熄灭后反应可继续进行,因此两者结合可互相补充,使配方设计更为理想,还有可能形成互穿网络结构,使固化树脂的性能得到改善。光固化成形材料的性能直接影响成形构件的质量、机械性能、精度,以及在光固化过程中是否能够成形,因此开发具有优良性能的光敏树脂材料是研究光固化发展的一个重要方向,它决定了成形成本的高低以及构件机械性能的优劣。

SLA 工艺对光敏树脂具有以下要求:

(1)黏度低。SLA 工艺构件的加工是层层叠加而成的,层厚约 0.1mm 甚至更小。每加工完一层,树脂槽中的树脂就要在短时间内流平,待液面稳定后才可进行扫描固化,这就要求树脂的黏度很低,否则将导致构件加工时间延长、制作精度下降。另外,SLA 工艺中固化层厚极小,过高的黏度将很难做到精确控制层厚。

(2)光敏性高。在光源扫描固化成形中,构件是由光束逐线扫描形成平面,再由一层层平面形成三维实体构件。因此扫描速度越高,构件加工所需的时间越短。而随着扫描速度的增加,就要求光敏树脂在光束扫描到液面时立刻固化,而当光束离开后聚合反应又必须立即停止,否则就会影响精度。这就要求树脂具有很高的光敏性。另外由于光源寿命很有限,如果光敏性差必然会延长固化时间,进而大大增加其制作成本。

(3)线收缩率小。在 SLA 工艺中,构件精度是由多种因素引起的复杂问题。这些因素主要有成形材料、构件结构、成形工艺、使用环境等。其中,最根本的因素是成形材料——光敏树脂(尤其是自由基引发聚合反应的光敏树脂)在固化过程中产生的体积收缩。除了使构件成形精度降低外,体积收缩还会导致构件的机械性能下降。例如,由于树脂固化时体积收缩产生的内应力,使材料内部出现砂眼和裂痕,容易导致应力集中,使材料的强度降低,导致构件的机械性能下降。因此,树脂的固化收缩率应越小越好。目前,各大公司和 SLA 成形机制造商所用的树脂基本是自由基型固化体系,树脂的体积收缩率较大,一般在 5% 以上。

(4)机械性能良好。树脂固化成形为构件后,要使其能够应用,就必须有一定的硬度、拉伸强度等机械性能。

(5)稳定性好。由于 SLA 工艺的特点,使得树脂要长期存放在树脂槽中,这就要求光敏树脂具有良好的储存稳定性。例如,光敏树脂不发生缓慢聚合反应,不因其组分挥发而导致黏度增大,不会因被氧化而变色等。

(6)毒性小。光敏树脂毒性要低,以利于操作者的健康且不造成环境污染。

(7)成本低。光敏树脂成本要低,以便于商品化。

(8)流动性能好。光敏树脂在光固化过程中,打印完一层后工作台向上运动(面曝光光固化)或者向下运动(激光扫描光固化),此时,需要在液槽底部涂覆一层薄薄的树脂,这就需要树脂具有良好的自流平能力,使树脂易于涂覆。

紫外光敏树脂由光敏引发剂(photoinitiator)、预聚物(prepolymer)、单体(monomer)及少量添加剂(additive)等组成(表 4-1)。

表 4-1　紫外光固化材料的基本组分及其功能

名　称	功　能	常用含量/%	类　型
光敏引发剂	吸收紫外光能,引发聚合反应	≤10	自由基型、阳离子型
预聚物	材料的主体,决定了固化后材料的主要功能	≥40	环氧丙烯酸酯、聚酯丙烯酸酯、聚氨丙烯酸酯、其他
单体	调整黏度并参与固化反应,影响固化膜性能	20～50	单官能度、双官能度、多官能度
其他	根据不同用途而异	0～30	

(1) 光敏引发剂。光敏引发剂在很大程度上决定了光敏树脂的固化速率,它是指在紫外或可见光照射下能生成自由基或正离子并能引发单体聚合的物质。光敏引发剂的浓度不能太高也不能太低,当引发剂浓度较低时,随着引发剂浓度的提高,引发反应的自由基的浓度也会被相应提高,链引发速度被加快。因此,树脂光固化的速度提高了;当引发剂浓度超过一定值时,自由基之间的相互碰撞概率将大大提高,这时自由基更容易通过歧化和碰撞发生链终止反应,进而使自由基失活。因此,继续提高引发剂浓度将不能提高光固化的速度,甚至树脂的光固化速度有所下降。当光敏引发剂浓度低于紫外光源临界曝光量时,将导致光敏树脂不能被完全固化,使得固化失效。

(2) 预聚物。预聚物是含有不饱和官能团的低分子聚合物,多数为丙烯酸酯的预聚物常用的如环氧丙烯酸酯、聚氨丙烯酸酯、聚酯丙烯酸酯、聚醚丙烯酸酯、不饱和聚酯、丙烯酸树脂等。在辐射固化材料的各组分中,预聚物是光敏树脂的主体,它的性能在很大程度上决定了固化后材料的性能。一般而言,预聚物分子量越大,固化时体积收缩越小,固化速度就越快;但分子量越大,黏度越高,就越需要更多的单体稀释剂。因此,预聚物的合成或选择无疑是光敏树脂配方设计中重要的一个环节。

(3) 单体。单体除了调节体系的黏度以外,还会对固化动力学、聚合程度以及生成聚合物的物理性质等造成影响。虽然光敏树脂的性质基本上由所用的预聚物决定,但主要的技术安全问题却必须考虑所用单体的性质。因而其选择是一项重要的工作。在选择时,首先要考虑单体的黏度及溶解性能,另外,还要考虑其挥发性、闪点、气味、毒性、官能度和聚合时的收缩率等因素。自由基固化工艺所使用的丙烯酸酯、甲基丙烯酸酯和苯乙烯,以及阳离子聚合所使用的环氧化物以及乙烯基醚等都是辐射固化中常用的单体。由于丙烯酸酯具有非常高(丙烯酸酯＞甲基丙烯酸酯＞烯丙基＞乙烯基醚)的反应活性,工业中一般使用其衍生物作为单体。按照结构中含有不饱和双键的数目,单体分为单、双官能团单体和多官能团单体。单官能团单体分子因其只含有一个双键,因而只能进行线型聚合。多官能团单体分子中含有两个或两个以上双键,因此其活性较高,固化时易形成交联网络结构。由于光固化工艺要求光敏树脂具有很快的固化速度,因而应用于该类树脂中的单体应具有高的活性。表 4-2 为常见的丙烯酸酯类单体及其性质。

表 4-2　常见丙烯酸酯类单体及其性质

单体类型	单官能团丙烯酸酯	双官能团丙烯酸酯	多官能团丙烯酸酯
固化速度	慢	中	高
黏度	小	中	高
交联密度	低	高	高
特点	挥发性大,毒性大,气味大,易燃	挥发性小,气味较低	挥发性低
常用单体	丙烯酸异冰片酯,月桂酸甲基丙烯酸酯	聚乙二醇双丙烯酸酯	三羟甲基丙烷三(甲基)丙烯酸酯

通过对比可以发现,单官能团丙烯酸酯聚合速率最低,多官能团丙烯酸酯聚合速率最高,但最终聚合的残留率可能较高,而且官能团越高,参与固化反应的双键就越多,收缩性就越大;双官能团丙烯酸酯作为光固化单体,固化速度适中,固化后残留率小,而且材料的黏度不高。

4. 光固化成形工艺

光固化3D
打印机

光固化成形工艺一般可以分为前处理、打印工艺和后处理三个阶段。前处理是为原型的制作进行数据准备,具体内容主要是对原型的 CAD 模型进行数据转换、确定摆放位置、施加支撑和进行切片分层。光固化成形依赖于专用的光固化成形装备,因此在原型制作前,需要提前启动光固化成形装备系统,可使液态树脂的温度达到合理的预设温度。液体光敏树脂由于光源照射发生聚合反应,固化成截面轮廓,而后工作台运动,铺展一层新的液态树脂再次固化,如此重复直到整个构件成形完毕。后处理主要针对原型进行清理、去除支撑、后固化以及进行相应的打磨。激光扫描光固化成形工艺如下:

(1) 产品三维模型的构建。首先构建待加工工件的 CAD 模型。该 CAD 模型可以利用 CAD 软件直接构建,也可以对产品实体进行激光扫描、CT 断层扫描,得到点云数据,然后利用反求工程的方法来构造。

(2) 三维模型的近似处理。产品加工前要对模型进行近似处理,STL 格式文件目前已经成为快速成形领域的标准接口文件。典型的 CAD 软件都带有转换和输出 STL 格式文件的功能。

(3) 三维模型的切片处理。根据被加工模型的特征选择合适的加工方向,在成形高度方向上用一系列一定间隔的平面切割近似后的模型,以便提取截面的轮廓信息。间隔一般取 0.05～0.5mm,常用 0.1mm。间隔越小,成形精度越高,但成形时间也越长,效率就越低;反之则精度低,但效率高。

(4) 成形加工。根据切片处理的截面轮廓,在计算机控制下,相应的成形头(激光头)按各截面轮廓信息做扫描运动,在工作台上一层一层地堆积材料,然后将各层相黏结,最终得到产品原型。

(5)成形构件的后处理。从成形系统里取出构件,进行打磨、抛光、涂挂,或放在高温炉中进行后烧结,进一步提高其强度。

4.3 激光选区烧结

激光选区烧结(selective laser sintering,SLS)技术的原理如图 4-11 所示。首先构建目标构件的三维 CAD 模型,然后通过切片软件将三维实体模型进行逐层切片,并存储为包含切片截面信息的 STL 文件;随后通过铺粉装置在工作缸上均匀铺设一层粉末材料,CO_2 激光器在计算机的控制下,根据各层截面的信息扫描相应区域内的粉末,经过扫描的粉末被烧结在一起,未被激光扫描的粉末仍呈松散状态并作为下一烧结层的支撑;当一层加工完成后,工作台下降一定的高度(0.1~0.3mm),送粉缸上升并进行下一层的铺粉,随后激光扫描该层粉末并将之与上一烧结层连接在一起;如此重复,直至所有的截面烧结完毕,清理未烧结的粉末即可得到最终的构件。

激光选区烧结技术

碳化硅陶瓷复杂构件增材制造技术及应用

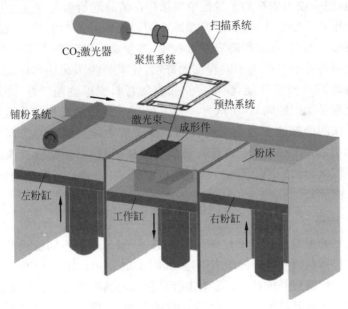

图 4-11 SLS 成形原理图

1. SLS 工艺

整个 SLS 制造过程主要分为预热、成形和冷却三个阶段(图 4-12)。

(1)预热阶段。在 SLS 成形之前,成形腔内的粉末材料通常需要被预热到一定的温度 T_b,并在后续的成形过程中一直维持恒定直至结束。预热的目的主要有:①降低烧结过程中所需的能量,防止激光能量过大而造成材料分解;②减小已烧结区域和未烧结粉末之间的温度梯度,防止构件翘曲变形。通常情况下,半晶态高分子的预热温度高于其结晶起始温度 T_{ic} 但低于其熔融起始温度 T_{im},该温度区间被称为烧结窗口(sintering window)。非晶态高分子的预热温度则接近其玻璃化转变温度 T_g。

(2)成形阶段。成形阶段实质为预热温度下的粉末铺设和激光扫描的周期性循环过程。在成形第 1 层之前,需要在工作缸上铺设一定厚度的粉末基底,以起到均匀化温度场的作用。经过一段缓慢而均匀的升温之后,当第 1 层粉末达到预热温度 T_b 时,激光开始扫描相应的区域,使该区域内粉末的温度迅速升高至 T_{max} 超过其熔融温度,使相邻粉末颗粒之间发生烧结。激光扫描结束后,经过短暂的铺粉延时,使已烧结区域的温度逐渐降至 T_b,然后工作缸下降并进行下一层铺粉。新铺设的粉末通常需在粉缸内经过初步预热至 $T_f(T_f < T_b)$,目的是降低新粉末对已烧结区域的过冷效果,同时减少从 T_f 预热至 T_b 的时间。当第 2 层粉末温度达到 T_b 时,激光再次扫描指定区域,使层内的粉末发生熔合,同时使层间也发生连接。重复以上过程,直至整个构件加工结束。

(3)冷却阶段。在成形阶段完成之后,必须使粉末床完全冷却后才能取出构件。一般地,整个粉末床在加工过程中均保持在结晶起始温度 T_{ic} 之上,直至成形结束时粉末床才开始整体降温,目的是减小因局部结晶产生非均匀收缩而引起的构件翘曲变形。然而,在实际的成形过程中,即使成形腔和粉末床均有预热,成形的构件也会因各种原因产生不同程度的降温,尤其是粉末床底部区域。局部降温将考验材料的 SLS 成形性能,烧结窗口较宽的材料成形性能较好,烧结窗口较窄的材料则更容易受到影响,这也从另一方面对 SLS 装备的温控能力提出了严格的要求。粉末床的冷却速率也会对构件的性能造成影响。以半晶态高分子材料尼龙-12 为例,缓慢冷却(1℃/min)有利于其形成核结晶,因而强度提高,韧性降低;当冷却速率较快时(23.5℃/min),其结晶程度低,柔性的非结晶区域增多,因而强度下降,韧性提高。

2. SLS 材料

对于典型的半晶态高分子材料而言,粉末在 SLS 成形不同阶段的受热过程可以通过差式扫描量热(DSC)曲线来描述,如图 4-12 所示。图 4-12 中的不同序号代表不同位置的材料所处的状态:①为未烧结粉末的预热状态;②为激光扫描状态,此时粉末的温度达到峰值 T_{max};③为已烧结区域,温度逐渐恢复至预热温度 T_b。这三个状态在成形阶段循环出现,在两个循环之间,高分子熔体还会因为新粉的铺设而出现瞬时的过冷(图 4-12 中未表示)。④~⑥则代表不同烧结层的温度状态。随着 SLS 加工的持续进行,上面的烧结层具有更低的温度,为了防止因结晶而产生的收缩变形,粉末床温度应尽量维持在烧结窗口区间内。

随着 SLS 技术应用领域的不断拓展,成形材料种类少、性能低等问题越来越受到重视。目前成功应用于 SLS 技术的材料主要为尼龙 12(PA12)、尼龙 11

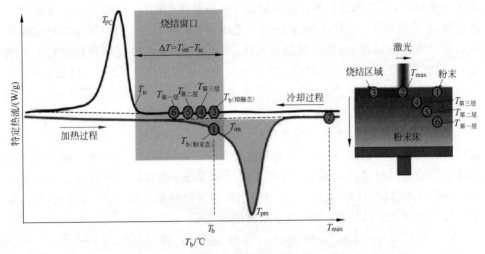

图 4-12　SLS 成形过程中粉末的受热过程

(PA11)及其复合材料,上述材料几乎占据 SLS 材料市场份额的 95% 以上。而耐高温的特种工程塑料聚醚醚酮(PEEK)和柔性材料热塑性聚氨酯弹性体(TPU)才刚投入市场。开发用于 SLS 的新型材料成为本领域学者的研究重点。研究人员分别研究了尼龙 6、聚甲醛、聚对苯二甲酸丁二醇酯(PBT)、聚乙烯(PE)、超高分子聚乙烯(UHMWPE)等材料的 SLS 成形性能,但是由于材料特性、加工条件和价格因素等多方面原因,这些材料目前尚未得到应用。

非晶态聚合物在玻璃化温度(T_g)时,大分子链段运动开始活跃,粉末开始黏结,粉末流动性降低。因此,在 SLS 过程中,非晶态聚合物粉末的预热温度不能超过 T_g,但为了减小烧结件的翘曲,通常略低于 T_g。当材料吸收激光能量后,温度上升到 T_g 以上而发生烧结。非晶态聚合物在 T_g 时的黏度较大,而根据聚合物烧结机理 Frenkal 模型的烧结颈长方程可知,烧结速率是与材料的黏度成反比的,这样就造成非晶态聚合物的烧结速率很低,烧结件的致密度、强度较低,呈多孔状,但具有较高的尺寸精度。在理论上,通过提高激光能量密度可以增加烧结件的致密度,但实际上,过高的激光能量密度往往会使聚合物材料剧烈分解,导致烧结件的致密度反而下降;另外,过高的激光能量密度也会使次级烧结现象加剧,导致烧结件的精度下降。因此,非晶态聚合物通常用于制备对强度要求不高但具有较高尺寸精度的制件。

(1)聚碳酸酯(polycarbonate,PC)。PC 树脂具有突出的冲击韧性和尺寸稳定性,优良的机械强度和电绝缘性,良好的耐蠕变性和耐候性,以及低吸水性、无毒性、自熄性和较宽的使用温度范围,是一种综合性能优良的工程塑料。但 PC 具有较高的玻璃化温度,在激光烧结过程中需要较高的预热温度,粉末材料容易老化,烧结不易被控制。目前,PC 粉末在熔模铸造中的应用逐渐被聚苯乙烯粉末替代。

(2)聚苯乙烯(polystyrene,PS)。由于 PS 的 SLS 构件的强度很低,不能直接用作功能构件,一般通过各种途径来增加 PS 烧结件的强度。例如,用乳液聚合方法制备核-壳式纳米 Al_2O_3/PS 复合粒子来增强 PS 的 SLS 构件;用浸渗环氧树脂的后处理方法来提高 PS 烧结件的致密度,从而使 PS 烧结件在保持较高精度的前提下,致密度、强度得到大幅提升;通过制备 PS/聚酰胺(PA)合金来提高 PS 烧结件的强度。

(3) 高抗冲聚苯乙烯(high impact polystyrene,HIPS)

由于 PS 成形的 SLS 构件强度较低,为此,人们提出使用 HIPS 粉末材料来制备精密铸造用树脂模,其烧结件的力学性能比 PS 烧结件高得多,可以用来成形具有复杂结构或薄壁结构的铸型,最终得到结构精细、性能较高的铸件;也可通过"先采用 SLS 制备 HIPS 初始形坯,再进行浸渗环氧树脂的后处理"的方法,制备精度较高、力学性能可以满足一般力学要求的构件。

(4) 聚甲基丙酸甲酯(poly methyl methacrylate,PMMA)

PMMA 主要用作间接 SLS 制造金属或陶瓷构件时的聚合物黏结剂。可通过喷雾干燥法,用 PMMA 乳液制备聚合物覆膜金属或陶瓷粉末,这种覆膜粉末材料中 PMMA 的体积含量在 20% 左右。PMMA 覆膜粉末材料已经成功用于通过间接 SLS 成形多种材料(包括氧化铝陶瓷、氧化硅/锆石混合材料、铜、碳化硅、磷酸钙等)的构件。

3. 覆膜砂型(芯)的制备

激光选区
烧结增材
制造技术

用传统方法制备砂型(芯)时,常将砂型分成若干块,然后分别制备,并且将砂芯分别拔出后进行组装,因而需要考虑装配定位和精度问题。而用 SLS 技术可实现砂型(芯)的整体制备,不仅简化了分离模块的过程,铸件的精度也得到了提高。因此,用 SLS 技术制备覆膜砂型(芯)在铸造中有着广阔的前景。然而,目前 SLS 覆膜砂型(芯)仍然存在如下问题:

(1) 与其他快速成形方法一样,由于分层叠加的原因,SLS 覆膜砂型(芯)在曲面或斜面上呈明显的阶梯形,因此,覆膜砂型(芯)的精度和表面粗糙度不太理想。

(2) SLS 覆膜砂型(芯)的强度偏低,难以成形精细结构。

(3) SLS 覆膜砂型(芯)的表面,特别是底面的浮砂清理困难,严重影响其精度。

(4) 固化收缩大,易翘曲变形,砂的摩擦大,易被铺粉辊推动,成功率低。

(5) 覆膜砂中的树脂含量高,浇注时砂型(芯)的发气量大,易使铸件产生气孔等缺陷。

由于以上问题,SLS 制备覆膜砂型(芯)的技术并没有得到广泛应用。为此,国内外的许多学者在覆膜砂的 SLS 成形工艺、后固化工艺以及砂型(芯)设计等方面进行了大量的研究,并得出以下结论:

(1) 砂型(芯)的截面积不能太小。如果首层砂型(芯)的截面积太小,定位就不稳固,铺粉时,砂型(芯)容易被铺粉辊推动,从而影响砂型(芯)的精度。

（2）不允许砂型（芯）中间突然出现"孤岛"。此时，"孤岛"部分由于没有"底部"固定，容易在铺粉过程中发生移动。这种情况在砂型（芯）的整体制备时常会出现。如有此情况出现时，应考虑砂型（芯）的其他设计方案。

（3）要避免"悬臂"式结构。由于悬臂处的固定不稳固，除了在悬臂处易发生翘曲变形外，铺砂时还容易使砂型（芯）移动。

（4）砂型（芯）要尽量避免以"倒梯形"结构进行制备。

由上述可知，用 SLS 制备复杂的砂型（芯）十分困难，应用以往的研究结果根本无法制备像液压阀这样的复杂砂型（芯）。

覆膜砂所用的酚醛树脂为热固性材料，其 SLS 成形特性与热塑性聚合物有本质的区别。覆膜砂在 SLS 成形过程中会发生一系列复杂的物理化学变化，这些变化对覆膜砂的 SLS 成形有重要的影响。但以往的研究却没有涉及这方面的内容，因此，本节将从热固性树脂性能的角度深入研究覆膜砂的 SLS 成形特性，为覆膜砂的 SLS 成形提供理论基础。

经 SLS 成形的覆膜砂型（芯）强度较低，不能满足浇注铸件的要求，因此需要再次加温后固化以提高其强度。

为研究不同后固化温度对 SLS 试样拉伸强度的影响，将 SLS 试样放入烘箱中加热，当温度达到预定温度 10min 后停止加热，进行自然冷却。表 4-3 为不同后固化温度时 SLS 试样的强度。由表 4-3 可知，SLS 试样的后固化强度先随着温度的增加而增加，当温度达到 170℃时，其拉伸强度达到最大值 3.2MPa；而后随着温度的升高，强度逐渐下降，当温度达到 280℃时，其强度已下降到 0.47MPa。以上数据说明，SLS 试样在 150℃以下固化度极低，而到 170℃时完全固化，这与热分析的结果一致。当温度高于 170℃后，SLS 试样的拉伸强度下降。SLS 试样的颜色也随着后固化温度的升高而发生变化，由黄色、深黄色到褐色再到最终的深褐色，而深黄色时强度最佳，因此，从颜色上也可判断固化的情况。

表 4-3　后固化温度对 SLS 试样拉伸强度的影响

后固化温度/℃	150	170	190	210	280
拉伸强度/MPa	2.1	3.2	2.8	2.2	0.47

4.4　三维印刷成形

三维印刷成形，也称黏结剂喷射（binder jetting），是一种通过喷射黏结剂使粉末成形的增材制造技术。和许多激光烧结技术类似，binder jetting 也使用粉末床（powder bed）作为基础。不同的是，该技术使用喷墨打印头将黏结剂喷到粉末里，从而将一层粉末在选择的区域内黏结，每一层粉末又会同之前的粉层通过黏结剂的渗透而结为一体，如此层层叠加制造出三维结构的物体。

黏结剂喷射技术

1. 三维印刷成形工艺

首先,铺粉机构在加工平台上精确地铺上一薄层粉末材料,喷墨打印头根据这一层的截面形状在粉末上喷出一层特殊的胶水,喷到胶水的薄层粉末发生固化。然后,在这一层上再铺上一层一定厚度的粉末,打印头按下一层截面的形状喷胶水。如此层层叠加,从下到上,直到把一个构件的所有层均打印完毕,然后把未固化的粉末清理掉,得到一个三维实物原型,成形精度可达 0.09mm。具体打印过程及原理如图 4-13 和图 4-14 所示。

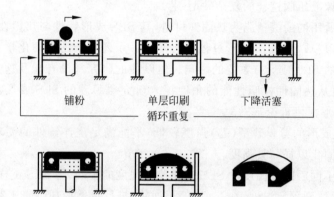

图 4-13　三维印刷成形过程

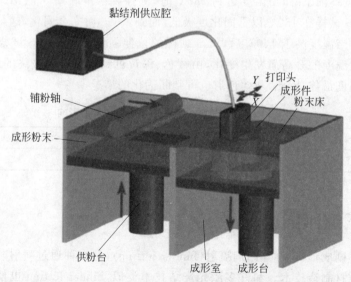

图 4-14　三维印刷成形原理

打印机打出的截面的厚度(Z 方向)以及平面方向即 X-Y 方向的分辨率是以 dpi(像素每英寸)或者 μm(微米)来计算的。一般的厚度为 100μm,即 0.1mm,也有部分打印机如 Stratasys 公司的 Objet 系列和 3D Systems 公司的 Project 系列可以打印出 $16\mu m$ 薄的一层。平面方向则可以打印出跟激光打印机相近的分辨率。打印出来的黏结剂材料的直径通常为 $50\sim100\mu m$。用传统方法制造出一个模型通常需要数小时到数天不等，根据模型的尺寸以及复杂程度而定。用 3D 打印技术则可以将时间缩短为数小时，当然，这是视打印机的性能以及模型的尺寸和复杂程度而定的。

三维印刷成形技术可以用于高分子材料、金属、陶瓷材料的制造，当用于金属和陶瓷材料时，通过喷墨打印(inkjet printing)成形的原型件(green part)需要通过高温烧结(sintering)将黏结剂去除，实现粉末颗粒之间的熔合与连接，从而得到一定密度与强度的成品。这种技术将原本只能在成形车间进行的工艺搬到了普通办公室，拓宽了应用面。

2. 三维印刷成形技术设计

三维印刷成形技术制作模型的过程与其他技术的三维快速成形技术类似。下面以三维黏结剂喷射快速成形技术在陶瓷制品中的应用为例，介绍三维印刷成形技术的设计过程。

什么是黏结剂喷射金属 3D 打印

(1) 利用 CAD 系统(如 UG、Pro/E、I-DEAS、Solidworks 等)完成所需要生产的构件的模型设计；或将已有产品的二维三视图转换成三维模型；或在逆向工程中，用测量仪对已有的产品实体进行扫描，得到数据点云，进行三维重构。

黏结剂喷射金属3D打印技术开源了

(2) 在计算机中将模型生成 STL 文件，并利用专用软件将其切成薄片(由于产品上往往有一些不规则的自由曲面，加工前必须对其进行近似处理。经过近似处理获得的三维模型文件称为 STL 格式文件，它由一系列相连的空间三角形组成)。每层的厚度由操作者决定，在需要高精度的区域通常切得很薄。典型的 CAD 软件都有转换和输出 STL 格式文件的接口，但有时输出的三角形会有少量错误，需要进行局部修改。

(3) 计算机将每一层分成适量数据，用以控制黏结剂喷头移动的走向和速度。由于快速成形工艺是按一层层截面轮廓来进行加工的，因此加工前需将三维模型沿成形高度方向离散成一系列有序的二维层片，即每隔一定的间距分一层片，以便提取截面的轮廓。间隔的大小按精度和生产率的要求选定。间隔越小，精度越高，但成形时间越长。间隔为 $0.05\sim0.5mm$，其中最常用的是 $0.1mm$，能得到相当光滑的成形曲面。层片间隔选定后，成形时每层叠加的材料厚度应与其相适应。各种成形系统都带有分层处理软件，能自动提取模型的截面轮廓。

(4) 用专用铺粉装置将陶瓷粉末铺在活塞台面上。

(5) 用校平鼓将粉末铺平，粉末的厚度应等于计算机切片处理中片层的厚度。

(6) 计算机控制的喷射头按照步骤(2)的要求进行扫描、喷涂、黏结。有黏结剂的部位，陶瓷粉末黏结成实体的陶瓷体；周围无黏结剂的粉末则起支撑黏结层的作用。

（7）计算机控制活塞使之下降一定的高度（等于片层厚度）。

重复步骤（5）～（8），一层层地将整个构件坯体制作出来。

（8）取出构件坯体，去除黏结剂的粉末，并将这些粉末回收。

（9）对构件坯体进行后续处理，在温控炉中进行焙烧，焙烧温度按要求随时间变化。后续处理的目的是保证构件有足够的机械强度和耐热强度。

3. 黏结剂性能要求

用于打印头喷射的黏结剂要求性能稳定，能长期储存，对喷头无腐蚀作用，黏度低，表面张力适宜，以便按预期的流量从喷头中挤出。且不易干涸，能延长喷头抗堵塞时间，低毒环保等。液体黏结剂分为几种类型：本身不起黏结作用的液体、本身会与粉末反应的液体以及本身有部分黏结作用的液体。本身不起黏结作用的黏结剂只起到为粉末相互结合提供介质的作用，在模具制作完毕后基本上完全挥发，不残留任何其他物质，适用于本身就可以通过自反应硬化的粉末，如氯仿、乙醇等。对于本身会参与粉末成形的黏结剂，如粉末与液体黏结剂的酸碱性的不同，可以通过液体黏结剂与粉末的反应达到凝固成形的目的。

目前最常用的是以水为主要成分的水基黏结剂，对于可以利用水中氢键作用相互连接的石膏、水泥等粉末适用。黏结剂为粉末相互结合提供介质和氢键作用力，成形之后挥发。或者是相互之间能反应的，如以氧化铝为主要成分的粉末，可通过酸性黏结剂的喷射反应固化。对于金属粉末，常常是在黏结剂中加入一些金属盐来诱发其反应。对于本身不与粉末反应的黏结剂，还有一些是通过加入一些起黏结作用的物质实现，通过液体挥发，剩下起黏结作用的关键组分。其中，可添加的黏结组分包括缩丁醛树脂、聚氯乙烯、聚碳硅烷、聚乙烯吡咯烷酮以及一些其他高分子树脂等。选择与这些黏结剂相溶的溶液作为主体介质，虽然根据粉末种类不同可以用水、丙酮、醋酸、乙酰乙酸乙酯等作为黏结剂溶剂，但目前报道较多的均为水基黏结剂。

要达到液体黏结剂所需条件，除了主体介质和黏结剂外，还需要加入保湿剂、快干剂、润滑剂、促凝剂、增流剂、pH调节剂及其他添加剂（如染料、消泡剂）等。所选液体均不能与打印头材质发生反应。加入的保湿剂如聚乙二醇、丙三醇等可以起到很好的保持水分的作用，便于黏结剂长期稳定储存。此外，可加入一些沸点较低的溶液如乙醇、甲醇等来加快黏结剂多余部分的挥发速度。另外，丙三醇的加入还可以起到润滑作用，减少打印头的堵塞。对于一些以胶体二氧化硅或类似物质为凝胶物质的粉末，可加入柠檬酸等促凝剂强化其凝固效果。通过添加少量其他溶剂（如甲醇等）或者加入分子量不同的有机物可调节其表面张力和黏度以满足打印头所需条件。

打印时液滴表面张力和黏度对成形有很大影响，液滴合适的形状和大小直接影响成形精度的好坏。为提高液体黏结剂的流动性，可加入二乙二醇丁醚、聚乙二醇、硫酸铝钾、异丙酮、聚丙烯酸钠等作为增流剂，加快打印速度。另外，对溶液 pH

值有特殊要求的黏结剂部分,可通过加入三乙醇胺、四甲基氢氧化氨、柠檬酸等调节 pH 为最优值。加入百里酚蓝指示剂,以保持黏结剂条件的最优化,对打印头液滴的形状也有影响,挥发剩下的物质还可以起到一定的固化作用。另外,出于打印过程美观或者产品需求,需要加入能分散均匀的染料等。要注意的是,添加助剂的用量不宜太多,一般小于质量分数的 10%,助剂太多会影响粉末打印后的效果及打印头的机械性能。

喷墨打印头将黏结剂喷到粉末里,从而将一层粉末在选择的区域内黏合,每一层粉末又会同之前的粉层通过黏结剂的渗透而结合为一体。上一层黏结完毕后,成形缸下降一个距离(等于层厚,为 0.013~0.1mm),供粉缸上升一高度,推出若干粉末,并被铺粉辊推到成形缸,铺平并被压实。喷头在计算机控制下,按下一建造截面的成形数据有选择地喷射黏结剂建造层面。铺粉辊铺粉时多余的粉末被集粉装置收集。如此周而复始地送粉、铺粉和喷射黏结剂,最终完成一个三维粉体的黏结,三维印刷成形工艺流程如图 4-15 所示。未被喷射黏结剂的地方为干粉,在成形过程中起支撑作用,且成形结束后,比较容易被去除。

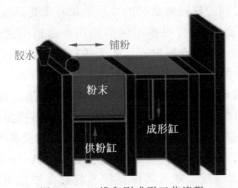

图 4-15　三维印刷成形工艺流程

4. 主要工艺参数

为了提高 3D 打印成形系统的成形精度和速度,保证成形的可靠性,需要对系统的工艺参数进行整体优化。

(1) 喷头到粉末层的距离。喷头到粉末层的距离太远会导致液滴的发散,影响成形精度;反之,则容易导致粉末溅射到喷头上,造成堵塞,影响喷头的寿命。经反复比较,该距离为 1~2mm 效果最好。

(2) 每层粉末的厚度。每层粉末的厚度即工作平面下降一层的高度。在成形过程中,水膏比对构件的硬度和强度影响最大。水膏比的增加可以提高构件的强度,但是会导致变形的增加。层厚与水膏比成反比,层厚越小,水膏比越大,层与层之间的黏结强度越高,但是会导致成形的总时间成倍增加。在系统中,根据所开发的材料特点,层厚为 0.08~0.2mm 效果较好,一般小型模型层厚取 0.1mm,大型模型层厚取 0.16mm。此外,由于是在工作平面上开始成形,在成形前几层时,层厚可取稍大一点,便于构件的取出。

(3)喷射和扫描速度。喷头的喷射和扫描速度直接影响制件的精度和强度。低的喷射速度和扫描速度对成形精度的提高,是以成形时间增加为代价的,在 3D 打印成形的参数选择中需要综合考虑。

(4)辊轮运动参数。铺覆均匀的粉末在受辊子作用下流动。粉末在受到辊轮的推动时,粉末层受到剪切力作用而相对滑动,一部分粉末在辊子推动下继续向前运动,另一部分在辊子底部受到压缩变为密度较高、平整的粉末层。粉末层的密度和平整效果除了与粉末本身的性能有关外,还与辊子表面质量、辊子转动方向,以及辊子半径 R、转动角速度 ω、平动速度 v 有关。

打印过程完成之后,需要一些后续处理措施来达到加强模具成形强度及延长保存时间的目的,其中,主要包括静置、强制固化、去粉、包覆等。

打印过程结束之后,需要将打印的模具静置一段时间,使得成形的粉末和黏结剂之间通过交联反应、分子间作用力等作用固化完全,尤其是对以石膏或者水泥为主要成分的粉末。成形的首要条件是粉末与水之间作用硬化,之后才是黏结剂部分的加强作用,一定时间的静置对最后的成形效果有重要影响。

当模具具有初步硬度时,可根据不同类别用外加措施进一步强化作用力,例如,通过加热、真空干燥、紫外光照射等。此工序完成之后,所制备的模具具有较强硬度,需要将表面其他粉末除去,用刷子将周围大部分粉末扫去,剩余较少粉末可通过机械振动、微波振动、不同方向吹风等除去。也有报道将模具浸入特制溶剂中,此溶剂能溶解散落的粉末,但是对固化成形的模具不能溶解,只能达到除去多余粉末的目的。对于去粉完毕的模具,特别是石膏基、陶瓷基等易吸水材料制成的模具,还需要考虑其长久保存问题,常见的方法是在模具外面刷一层防水固化胶,以防止因吸水而减弱其强度。或者将模具浸入能起保护作用的聚合物中,如环氧树脂、氰基丙烯酸酯、熔融石蜡等,最后的模具可兼具防水、坚固、美观、不易变形等特点。

思考题

1. FDM、SLA、SLS、3D 打印材料有哪些特点?

2. 影响 FDM、SLA、SLS、3D 打印成形件质量的因素有哪些?

3. SLS 激光烧结速率与粉末粒径、高分子分子量、熔融黏度、表面张力以及烧结温度有什么关系?

4. 非结晶性、半结晶性高分子在 SLS 成形中存在哪些差异?

第5章

金属材料3D打印技术

5.1 激光近净成形技术

激光近净成形(laser engineering net shaping,LENS)是把粉末状或丝状金属材料同步地送进激光辐照在基材上形成的移动熔池中,随着熔池移出高能束辐照区域而凝固,把所送进的金属材料以冶金结合的方式添加到基材上,实现增材制造过程。同步送进材料的金属增材制造技术不能像粉末床技术那样制造极端复杂结构的金属构件,但却有其他一些粉末床技术不具备的优点,包括:①可制造构件的尺寸范围极宽,可以从毫米级到米级甚至更大,实际上在大尺寸制造方面没有原则性的限制;②可以采用万瓦级大功率激光,因而成形效率比粉末床技术高得多,可以达到每小时数千克或更高;③成形构件可以达到100%致密,因此可以达到比粉末床技术所制造构件更高的动载力学性能;④可以用多个材料送进装置按任意设定的方式送进不同的材料,实现多材料任意复合制造;⑤可以方便地应用于金属构件的成形修复,而且修复件的力学性能可以非常优越,一般非常接近锻件的性能;⑥制造成本比粉末床技术显著降低。

激光近净成形增材制造技术

1. LENS 成形原理

LENS 技术采用多道多层同步送粉激光熔覆的方法进行金属构件的增材制造,其成形原理如图 5-1 所示。高功率激光束(通常数百瓦至数万瓦)聚焦成直径很小的焦斑(通常为 0.1~5mm)辐照到金属基板上,形成一个液态熔池;一个与激光束保持同步移动的喷嘴将金属粉末或丝材连续地送到熔池中,金属粉末或丝材在熔池中熔化,当激光辐照区域移出后,不再受到激光辐照的原熔池中的液态金属将快速凝固,与下方的金属基板以冶金结合的方式牢固地结合在一起;点状的熔池在基板上移动,把金属成线状堆积到基板上,下一道熔覆线与前一道熔覆线之间保持一定宽度的搭接,使新熔覆上的金属线不但与基材冶金结合,还同前一道熔覆线冶金结合在一起,如此逐线叠加熔覆而覆盖一个选定的二维平面区域(对构件

CAD 模型分层切片所获得的第一层截面形状）；完成一层金属的熔覆之后，成形工件相对于激光焦斑下移一层的高度，重复以上过程进行构件第二层截面形状的熔覆制造；如此逐层熔覆制造，形成一个在三维空间中完全以冶金方式牢固结合的金属构件。激光束相对于成形工件的移动，一般通过 CNC 数控机床或机器手来实现。

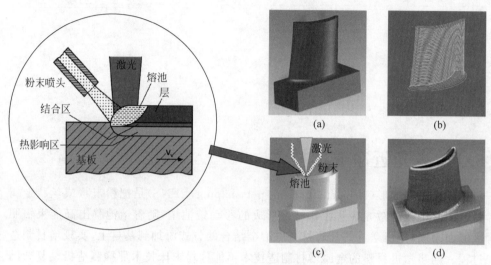

图 5-1 LENS 技术的成形原理示意图

(a) 三维 CAD 模型；(b) 分层切片；(c) 逐层堆积；(d) 近净构件

LENS 工艺可通过制造时间、可制造构件的最大尺寸、制造复杂构件的能力和产品质量进行表征。相较于采用丝材的 LENS 工艺，采用粉末的 LENS 工艺的制造时间受限于送粉率、扫描速度和单层层高，其加工精度明显高于采用丝材的加工工艺。对于大尺寸的构件，尤其是质量超过 10kg 的构件，采用丝材的 LENS 工艺制造效率更高，而未来两类材料的复合制造装备或成为可能。

LENS 技术既可以用于高效率地制造构件毛坯（图 5-2），并留下很大的加工余量；也可以实现精密成形（图 5-3），尺寸精度达到 ± 0.05mm，表面粗糙度达到 $Ra4.2$。

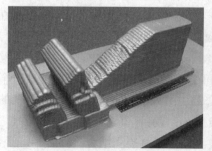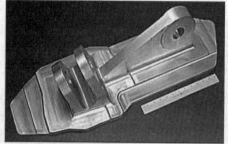

图 5-2 LENS 技术高效率制造构件毛坯

图 5-3　LENS 技术制造精密构件

LENS 技术以直接成形高性能致密金属构件为主要技术目标，已成为制造领域一个众所瞩目的研究热点。

2. LENS 材料

LENS 技术采用的原材料有粉末和丝材两种。通常预合金粉末因其易输送和熔点可控而被广泛使用，混合元素粉末则可通过改变合金的比例和成分为制造成分或功能梯度材料提供便利。高质量粉末具有高比表面和易于氧化等特点，因此，粉末的制造方法及其在成形过程中的特点是研究人员关注的重点。粉末质量是影响 LENS 制造构件的关键参数之一，包括粉末形貌、尺寸分布、表面形貌、成分和流动性。粉末主要有四种制造方法：气雾化法、等离子旋转雾化法、水雾化法和等离子旋转电极法。其中，等离子旋转电极法生产的粉末球形度高且表面光滑；等离子旋转雾化法制造的粉末表面光滑但球形度不高；气雾化法制造的粉末呈球形，表面或有微孔和微型颗粒存在增加了表面粗糙度；水雾化法制造的粉末颗粒呈不规则形状，故相比其他三种工艺获得的粉末的流动性差。

具有一致的粉末尺寸分布和平滑表面的高质量粉末能够保证制造过程粉末流动的稳定性继而成形高质量构件而备受欢迎。但是高质量粉末的价格也相对较高。因此原材料的选择要结合工艺特点并应考虑产品的质量要求和花费。LENS 制造所采用的丝材一般直径大于 0.8mm，其制造过程光斑大，构件的表面粗糙度高但成形效率得到大幅提高。

钛合金、高温合金及钢的 LENS 加工现已获得广泛研究。各材料体系的力学性能和 LENS 加工工艺参数及微观组织的关系也有大量报道。LENS 技术的特点决定了影响微观组织和力学性能的关键参数是加工热历史、冷却速率和残余应力。其中，Ti-6Al-4V(TC4)钛合金、Inconel718 镍基高温合金以及 316L 不锈钢，是目前应用最广泛的金属合金。

目前金属增材制造所采用的合金大多是传统的铸造合金或锻造合金，所采用的热处理制度大多数是沿用传统铸件和锻件的热处理制度。之所以把这些合金称为铸造合金和锻造合金，是因为这些合金的成分设计、热处理制度制定都对应合金在铸造和锻造过程的工艺特征、组织及合金化特征和强韧化机制,而金属增材制造的工艺特性决定了其组织和合金化特征必然与传统的铸件和锻件具有较大差别,使得这些合金的设计及热处理制度通常无法充分发挥金属增材制造构件的力学性能,因此发展金属增材制造专用合金势在必行。

5.2 激光选区熔化技术

激光选区熔化技术

离散单元法在增材制造建模仿真的应用进展

激光选区熔化(selective laser melting,SLM)技术是采用高能激光将金属粉体熔化并迅速冷却的过程。该成形过程利用了激光与粉体之间的相互作用,包括能量传递和物态变化等一系列物理化学过程。

1. 激光能量的传递

SLM 过程是一个由光能转变为热能并引起材料物态转变的过程。根据激光能量及停留时间的不同,金属粉体通过吸收不同的激光能量而发生不同的物态变化。当激光能量较低或停留时间较短时,金属粉体吸收的能量较少,只能引起金属颗粒表面温度的升高而发生软化变形,但仍表现为固态。当激光能量升高时,金属粉体的温度超过了自身的熔点,金属颗粒表现为熔化状态。当激光能量瞬间消失时,熔融金属会快速冷却形成晶粒细小的固态部件。当激光能量过高时,金属熔体会发生气化。在 SLM 过程中,激光能量过高也会造成成形构件的球化、热应力和翘曲变形等缺陷,应尽量避免。

2. 金属粉体对激光的吸收率

金属粉体的激光吸收率对 SLM 熔化构件的性能有直接影响。激光吸收率的高低在很大程度上决定了该金属粉体的成形性能。目前,研究较多的、适用于 SLM 成形的材料体系主要有激光吸收率较高的钛基、铁基和镍基等合金。

激光与金属粉体作用时,激光能量并未完全被金属粉体吸收,而是满足能量守恒定律,即

$$1 = \frac{E_{吸}}{E_0} + \frac{E_{反}}{E_0} + \frac{E_{透}}{E_0} \tag{5-1}$$

式中,E_0 为激光能量;$E_{吸}$ 为被金属粉体吸收的激光能量;$E_{反}$ 为被金属粉体反射的激光能量;$E_{透}$ 为透过金属粉体的激光能量。

由于金属粉体一般为非透明材料,所以可认为 $E_{透}$ 为 0,即 SLM 过程中,激光能量作用于金属粉体时,只存在吸收和反射两种情况。由式(5-1)可知,当金属粉体的激光吸收率较低时,激光能量大部分被反射,无法实现金属粉体的熔化;当金属粉体的激光吸收率高时,激光能量大部分被吸收,比较容易实现金属粉体的熔化,激光能量的利用率较高。

综上所述,金属粉体的激光吸收率对 SLM 过程中的激光利用率及材料成形性能

有很大影响,如何提高金属粉体的激光吸收率也是促进 SLM 技术发展的重要因素。

3. 熔池动力学

激光选区
熔化

在 SLM 过程中,高能束的激光熔化金属粉末,连续不断地形成熔池,熔池内流体动力学状态及传热传质状态是影响 SLM 过程稳定性和成形质量的主要因素。在 SLM 过程中,材料由于吸收了激光的能量而熔化,而高斯光束光强的分布特点是光束中心处的光强最大,所以在熔池表面沿径向方向存在温度梯度,也就是熔池中心的温度高于边缘区域的温度。由于熔池表面的温度分布不均匀,使表面张力的分布不均匀,因而在熔池表面存在表面张力梯度。对于液态金属,一般情况下温度越高,表面张力越小,即表面张力温度系数为负值。表面张力梯度是熔池中流体流动的主要驱动力之一,它使流体从表面张力低的部位流向表面张力高的部位。对于 SLM 工艺所形成的熔池,熔池中心部位温度高,表面张力小;而熔池边缘温度低,表面张力大。因此,在这个表面张力梯度的作用下,熔池内液态金属沿径向从中心向边缘流动,在熔池中心处由下向上流动。同时剪切力促使边缘处的材料沿着固液线流动,在熔池的底部中心熔流相遇然后上升到表面,这样在熔池中形成了两个具有特色的熔流漩涡,称为马兰戈尼(Marangoni)对流。在这个过程中,向外流动的熔流造成了熔池的变形,会导致熔池表面呈现鱼鳞状的特征。

4. 熔池稳定性

SLM 成形过程是由线到面、由面到体的增材制造过程。在高能激光束作用下形成的金属熔体能否稳定连续存在,直接决定了最终制件的质量好坏。由不稳定收缩理论(pinch instability theory,PIT)可知,液态金属体积越小,其稳定性就越好;同时,球体比圆柱体具有更低的自由能。液态金属的体积主要是由激光光斑的尺寸和能量决定的,尺寸大的光斑更容易形成尺寸大的熔池,进入熔池的粉末也会越多,熔池的不稳定程度就会增加。同时,光斑太大会显著降低激光功率密度,由此易产生黏粉、孔洞及结合强度下降等一系列缺陷。若光斑的尺寸太小,激光辐照的金属粉末就会吸收太多的能量而气化,显著增加等离子流对熔池的冲击作用。因此,只有控制好光斑的尺寸才能保证熔池的稳定性。同时,因球体比圆柱体具有更低的自由能,所以液柱状的熔池有不断收缩形成小液滴的趋势,引起表面发生波动,当符合一定条件时,液柱上两点的压力差促使液柱转变为球体。这就要求激光功率和扫描速度具有合适的匹配性。在 SLM 过程中,随着激光功率的增大,熔池中的金属液增多,熔池形成液柱的稳定性减弱。一方面,激光功率越大,所形成的熔池面积越大,进入熔池的粉末越多,从而导致熔池的不稳定性增加;另一方面,当激光功率太大时,熔池深度增大,当液态金属的表面张力无法与其重力平衡时,液态金属将沿着两侧向下流,直至熔池变宽、变浅,使二者重新达到平衡状态。

5.3　电子束选区熔化技术

电子束选区熔化技术

1. 技术特点

电子束选区熔化(electron beam melting，EBM)工艺类似于 SLM 工艺，同属粉末床增材制造技术，通过高能束熔化粉末床上的金属粉末逐层成形构件。但两者也有着巨大差别，主要表现在以下方面：

(1) EBM 工艺使用电子束作为能量源，电子束是通过强电场加速由热阴极释放的电子产生的，与光子相比，电子更重，所以在接触材料时，电子可以进入更深的位置，深度为微米量级，而光子只能穿透到纳米量级的深度。

(2) 由于材料表面基本不会反射电子束，所以电子束的能量能够更多地传递到材料，同一类反射激光比较强的材料也能够通过 EBM 高效成形。

(3) 产生电子束的过程中电能直接转化为电子束的动能，相较于电能转换为光能，能量转换率更好，因此 EBM 装备比 SLM 装备更节能。常见的 EBM 装备利用 60kV 的加工电压，可以产生 $0\sim50$mA 的束流，功率为 3kW，结合更高的能量吸收率，EBM 工艺中常使用 $50\sim200\mu$m 的粉层厚度，远高于 SLM 工艺常用的 30μm。

(4) 电子束的聚焦和偏转是通过电磁透镜实现的，没有反射镜片机械惯性的阻碍，可以实现极高的扫描速度，最高可以达到 104m/s，其赋予了 EBM 技术实现更加复杂扫描工艺的能力。

(5) 更高的能束功率及能量吸收率，更厚的粉层和更快的扫描速度使得 EBM 的成形效率显著高于 SLM 工艺。

(6) 由于电子束是由大量电子构成的，电子束作用到粉末床时，会使粉末床带上负电，同种电荷的相互排斥严重时会使粉末床瞬间吹散，成形就不得不中断，因此 EBM 过程稳定性较差。材料良好的导电性可以将过量的电子快速中和，降低粉末间的排斥力，EBM 工艺一般只能成形金属等导电材料。对粉末床进行预热，使粉末床上相邻粉末间发生微熔合，在提高粉末床导电性的同时，增加粉末床强度，可以有效避免"吹粉"现象的发生。

(7) 由于采用电子束作为热源，EBM 只能在一个密闭的真空室内进行，避免在成形过程中出现气体的混入和材料氧化的现象。因此 EBM 工艺可以获得致密度更高、质量更好的构件。

2. 工艺流程

EBM 工艺由铺粉、预热、选区熔化、平台下降四个过程构成，如图 5-4 所示。

1) 铺粉

铺粉是将由粉箱释放的金属粉用刷子均匀地铺展到粉末床上。新粉末层的均

电子束打印

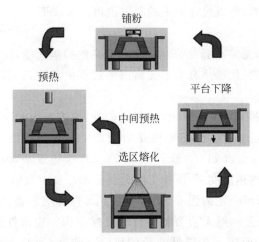

图 5-4　EBM 工艺流程

匀性会影响 EBM 过程中粉末熔化和凝固过程,不均匀的粉末分布会造成表面过热或者熔合失败。

　　粉末的流动性是影响铺粉质量的最重要因素,使用流动性好的粉末容易获得分布均匀且紧实的粉层,能够增强粉末层的导电性,降低吹粉的风险。常用的金属粉末是通过气雾化或者旋转电极法制造的球形粉末,但是完美的球形粉末的制造难以实现,所以目前运用到 EBM 工艺中的粉末表面多黏结有卫星球(图 5-5(b)),这在一定程度上降低了粉末的流动性。

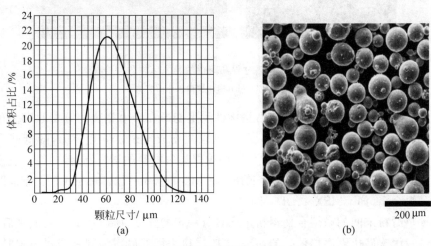

图 5-5　EBM 工艺常用的金属粉末信息

(a) 尺寸的分布曲线;(b) 粉末的显微图片

　　EBM 工艺推荐使用 $45\sim105\mu m$ 的粉末,如图 5-5(a)所示。尺寸过小的粉末相较于大颗粒粉末更容易被吹走,可能降低成形过程的稳定性;同时微细粉末难以被过滤网拦截,会损害真空泵,降低装备的使用寿命。由于 EBM 工艺具有更高的功率和能量吸收率,所以尺寸偏大的粉末也可以被成形。

2）预热

由于 EBM 装备通常具备更高的功率和极高的扫描速度,使通过高速扫描均匀加热粉末床成为可能,且预热有助于提高成形过程的稳定性,因此预热是 EBM 过程的一个必需环节。

预热是指采用弱聚焦的电子束,以极高的速度(35m/s QBeam Lab)在粉末床表面扫描多次到指定温度。预热温度是由所加工材料的性能决定的,钛合金 Ti-6Al-4V 为 650℃,Inconel 718 合金使用 975℃,而一些镍基高温合金需要预热到 1000℃左右。在此预热温度下,所加工的金属粉末会发生微熔合,粉末之间形成一种弱连接,赋予粉末床一定的强度,能够为悬空的构件结构提供支撑,如图 5-6(b)所示,因此,EBM 工艺一般无须为制件打印支撑结构。粉末件的微熔合可以提高粉末床的导电性,从而进一步降低吹粉的风险。此外,当粉末被固定在粉末床上后,成形过程中飞溅会显著减少。为了保证预热的均匀性,常利用电子束极高的偏转速度,采用分区扫描的方式。通过电子束在预划分的几个区域上快速扫描和跳转,工作时会观察到多条扫描线同时在加热粉末床如图 5-6(a)所示。

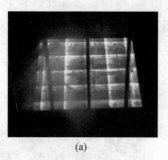 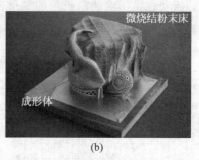

(a)   (b)

图 5-6　EBM 预热过程和获得的粉末床构件混合体

(a) 预热纹路；(b) 构件和粉末床的实物图

过高的温度梯度引起的热应力是构件发生变形和产生裂纹的重要原因。预热可以提高粉末床温度,降低温度梯度,还可以减小成形过程的热应力,降低变形和开裂风险。因此 EBM 工艺能够胜任一些难焊易裂材料的增材制造,如航空航天领域常用的铸造镍基高温合金(包括 K4002、CM247、Rene142、Inconel 738 等),以及单晶高温合金(如 CMSX-4、DD5、DD6)。

预热时粉末间的微熔合使得粉末床具有一定的强度,所以在成形完成之后,可以通过专用吹砂机剥离构件外的粉末,当吹砂机采用的砂料为同种金属粉末时,粉末可以回收再利用。粉末的回收和再利用次数与材料的性质相关,可以通过使用前的检测来确定粉末是否能够继续使用。

3）选区熔化

预热完成之后,根据构件的三维模型,使用强聚焦的电子束熔化金属粉末。熔化过程是一个深孔焊接过程,受熔池表面张力和金属蒸汽反冲力的相互作用,形成一个很深的匙孔,深入到粉末层下 2～3 层的厚度。图 5-7 是利用流体力学模拟方法获得的熔池,可以看到明显的匙孔效应。由于熔深是粉层厚度的 3～4 倍,所以层与层之间的连接紧密。但是过大的蒸汽反冲力会引起熔池向后堆积,不利于成形表面的平整,因此需要控制成形参数和扫描策略,减少材料向后堆积的趋势,以获得平整的构件表面。

选区熔化过程是构件的成形过程,选区熔化过程中的主要控制参数是电子束功率、扫描速度、扫描线间距和扫描路径,通过对扫描参数的控制可以对构件的晶粒组织乃至最终的力学性能产生影响。

图 5-7　粉末床熔化的流体力学模拟结果

为了提高构件侧表面的质量,EBM 装备在构件内部和边缘常采用不同的成形参数和扫描策略。例如,Arcam AB 公司的装备在构件内部采用电子束连续扫描,而在进行边缘的成形时采用分束的方式,利用电子束极高的偏转速度,跳跃扫描多个边缘点,可以在一定程度上提高侧表面的粗糙度。

4) 平台下降

平台下降是指根据预设的层厚下降成形平台。粉末层的厚度由粉末的尺寸决定,对于常用的 45～105μm 的球形金属粉末,粉末层厚常为 50μm 或 75μm;对于较粗的粉末,粉层厚度可以增加到 100μm 以上。相应地,需要增加电子束预热和熔化的功率,以实现指定预热温度和保证材料的完全熔化以及层间的紧密连接。

循环执行上述操作,直至构件成形完成。构件完成之后,去除包裹构件的微熔合粉末,即可获得构件。

3. 组织与原位热处理

EBM 工艺在熔化粉末层的同时会将粉末层下 2～3 层材料重熔,这种连续的熔化和凝固过程不仅可以保证层间连接紧密,还使得晶粒可以跨层生长,因此跨越多层的柱状晶常见于 EBM 构件,在铝合金、Inconel 718 等材料的成形中,实现了跨越多层的柱状晶生长(图 5-8)。而通过适当的扫描参数,EBM 工艺可以模拟镍基航空叶片的定向凝固过程,制造高度各向异性的构件。德国和法国的研究团队甚至在 EBM 工艺中复现了单晶叶片制造的选晶过程,实现了长度 5cm 的单晶棒的制造(图 5-9)。

除了航空叶片由于长期承受单向载荷需要高度各向异性的材料外,大部分构件在使用过程中需要具有各向均匀的力学性能,因此实现等轴晶或者尺寸很小的柱状晶为主的致密晶粒组织是 EBM 工艺研究的重点。研究发现,较高的扫描速

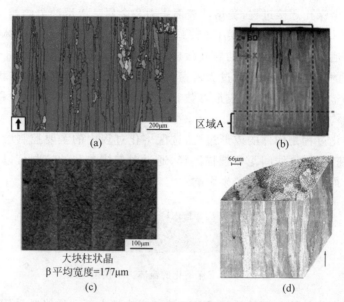

图 5-8　EBM 工艺获得的柱状晶

（a）Helmer 获得的 Inconel 718 柱状晶；（b）Chauvet 团队获得的高温合金柱状晶；
（c）Narra 获得的 Ti-6Al-4V 柱状晶；（d）Murr 等获得的 Rene 142 柱状晶

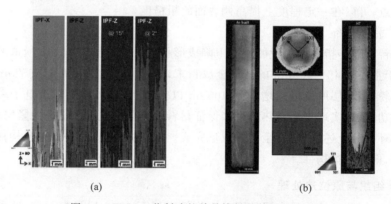

图 5-9　EBM 工艺制造的单晶棒材及其选晶过程

（a）选晶过程；（b）单晶棒截面图

度、较小的扫描线间距和较低的预热温度可以促进致密晶粒的产生。同时扫描路径也会对晶粒组织的演化造成重要影响。例如，交叉扫描方式，即扫描方向每层旋转 90°，可以改变凝固过程中温度梯度方向，改变晶粒生长的方向，破坏柱状晶的跨层生长趋势，促进致密晶粒组织的形成。

　　与 SLM 工艺不同，EBM 工艺通过预热将粉末床加热到指定温度（铝合金 300℃，铜合金 600℃，钛合金 800℃，部分镍基高温合金 1000℃），并且通过每层的预热过程将粉末床的温度维持在指定温度，持续至整个成形过程。成形过程结束后，随炉冷却（图 5-10（a））。而研究者对成形过程的连续观测和模拟都发现，构件中的每一点在成形过程中都会经历多次加热和冷却,最后温度稳定在粉末床温度,在随炉冷却中逐渐降低到室温(图 5-10(b))。持续较高的温度使得金属容易发生成分的固态相变。

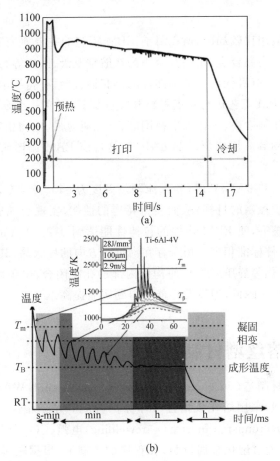

(a)

(b)

图 5-10　粉末床温度测量结果

(a)EBM 全过程粉末床温度曲线;(b)粉末床某一点的温度曲线

对镍基高温合金 CMSX-4 的成形实验发现,沿着沉积方向,从底部到表面 γ′ 沉淀相逐渐变小,反映了随着打印的进行,γ′ 沉淀相在逐渐长大。类似的现象还发生在 Inconel 718 中 δ 相长大现象。而由于粉末床的高温特性,EBM 成形的 Ti-6Al-4V 中出现了 β 相到 α 相的相变过程,在钛铝基材料的打印中,热影响区的温度会多次超过 α 相的相变温度,从而在成形完成之后获得 α-γ 双相组织,对材料的组织有一定的优化作用。

4. 缺陷

EBM 工艺是在真空环境下进行的,因此基本上没有由环境中气体导致的缺陷,如熔池卷入气体形成的气孔。但也会存在一些气孔,这是因为粉末在制备中有可能卷入气体,然后在熔化过程中固定到构件内。对于一些难焊材料,当预热温度不够高时,还会出现变形、热裂纹等缺陷。通过工艺参数的优化,这些缺陷都是可以被消除的。

5. 发展方向

由于纯金属应用比较局限,所以目前 EBM 工艺的主要研究对象为合金材料。其中,钛合金、镍基高温合金、钴铬合金因为在航空航天、医疗等行业的广泛使用而被研究得最多,而具有极佳的导电导热性的铜和铜合金、有超导电性的铌也常被研究。此外,利用 EBM 工艺进行梯度材料开发也是 EBM 的一个研究热点。

钛合金具有比强度高、工作温度范围广、抗蚀能力强、生物相容性好等特性,在航空航天和医疗领域应用广泛。Ti-6Al-4V 是目前 EBM 成形研究使用最多的金属材料之一。

在 EBM 成形 Ti-6Al-4V 时,粉末床预热温度为 650～700℃,可通过改变成形参数达到微观组织控制的目标,从而获得特定的性能,实现宏观成形、微观组织调控和性能控制相统一,使 EBM 构件的拉伸性能达到 0.9～1.45GPa,延伸率达到 12%～14%,与锻件标准相当。由于存在沿沉积方向的柱状晶,其性能存在一定的各向异性,可通过热等静压后处理使构件内部的孔隙闭合、组织均匀化,这样会使构件的拉伸强度有所降低,但疲劳性能会得到明显提高。

5.4 电弧熔丝增材制造技术

电弧熔丝增材制造技术

电弧熔丝增材制造(wire and arc additive manufacture,WAAM)技术是一种利用逐层熔覆原理,采用熔化极惰性气体保护(metal inert-gas arcwelding)电弧、钨极惰性气体保护(tungsten inert-gas arcwelding)电弧、CO_2 气体保护电弧、等离子电弧等为热源,通过熔化金属丝材,在程序的控制下,根据三维数字模型由线—面一体逐渐成形出金属实体构件的先进数字化制造技术,该技术主要基于 TIG、MIG、CO_2、等离子电弧等焊接技术发展而来。

1. WAAM 技术特点

英国克兰菲尔德 WAAM

WAAM 的电弧具有能量密度低、加热半径大、热源强度高等特征,且成形过程中往复移动的瞬时点热源与成形环境存在强烈的相互作用,其热边界条件具有非线性时变特征,故成形过程稳定性控制是获得连续一致成形形貌的难点。其电弧越稳定,越有利于成形过程控制,也就越有利于成形形貌的尺寸精度控制。

直接能量沉积之 WAAM

WAAM 技术与其他增材制造技术的原理相同。首先进行切片处理,通过 STL 点云数据模型沿某一坐标方向进行切片,生成离散开来的虚拟片层,而后通过金属丝材熔化出的熔滴由点及线、由线及面地进行堆积,将实体片层打印出来,片片堆砌形成最终构件。

除了具有增材制造技术所共有的优点,如无须传统刀具即可成形,减少工序和缩短产品周期外,WAAM 技术还具有以下优点:

(1) 制造成本低。丝材的 90% 以上都能利用,材料利用率高,且可大量采用通用焊接装备,制造成本较同类型的增材制造技术要低得多,所以该技术有望成为大规模应用的新型制造技术。

(2) 堆积速度高效,且无须支撑。WAAM 的送丝速度快,堆积效率高,在大尺寸构件成形时优势明显,成形速率可达 4~8kg/h 以上。

(3) 制造尺寸和形状自由。开放的成形环境对构件尺寸无限制。在增材制造领域,WAAM 的成形构件不受模具限制,制造尺寸和形状灵活。

(4) 对金属材质不敏感,适用于任何金属材料。

(5) 构件组织致密且力学性能好。WAAM 技术采用的是金属丝材熔融的方法堆积材料,基于的是焊接冶金的金属堆积方式。成形金属化学成分均匀,致密度高。

但 WAAM 的构件表面波动较大,表面成形精度较低,一般需要二次表面机加工。

2. WAAM 对丝材的要求

虽然 WAAM 技术是基于 TIG、MIG、CO_2、等离子电弧等焊接技术发展而来,但其本质是连续多道多层电弧熔丝打印。WAAM 工艺的特殊性,使得专用于熔丝打印的金属丝材也与传统焊接用丝材有了很大区别。WAAM 对金属丝材有如下五点要求:

3D打印金属——电弧熔丝增材制造

(1) 有良好的工艺性能。主要包括电弧稳定性好、飞溅小、适宜全位置堆积成形。

(2) 有良好的连续送丝性能。丝材应具有适宜的挺度,且接头处应适当加工,保证能均匀连续送丝。

(3) 表面质量良好。丝材表面应光滑,无毛刺、划痕、锈蚀、氧化皮等缺陷,不应有其他不利于焊接操作或对成形金属有不良影响的杂质。镀铜丝材应均匀牢靠,不应出现起鳞与剥离。

(4) 尺寸应符合要求。丝材尺寸和极限偏差应符合相关要求,不圆度不大于直径公差的 1/2。

(5) 成形金属应满足使用要求。在一定的工艺条件下,丝材成形金属应达到组织和性能要求。

丝材是 WAAM 技术的关键,对打印构件的组织和性能有重要影响。目前,WAAM 使用的丝材主要有奥氏体不锈钢、低碳钢丝材、铝合金丝材、钛合金丝材等。

目前针对 WAAM 成形工艺,国内外主要研究了工艺参数(电流、电弧电压、层间温度、成形速度)、切片技术、铣削加工或者微铸微轧与 WAAM 相结合的方式方法。

通过堆积状态的实时检测、反馈与在线监测可有效控制焊接的熔滴过渡形式和热循环过程,进而实现对 WAAM 过程的精确控制,视觉传感技术以其非接触、信息丰富、灵敏度和精度高的优点成为目前最有发展前景的传感技术。

思考题

1. 简述激光近净成形、激光选区熔化、电子束选区熔化、电弧熔丝增材制造工艺之间的区别以及成形件之间的差异。

2. 影响激光近净成形、激光选区熔化、电子束选区熔化、电弧熔丝增材制造成形件质量的因素有哪些?

第6章

4D打印技术

6.1　4D打印技术的内涵

1. 智能构件与4D打印技术

智能构件具备智能特性，即构件的形状、性能或功能能够在外界特定环境的刺激下随时间或空间发生预定的可控变化。以飞行器为例，以机械构件为主的传统飞行器的机动性能，因其主要依赖全机减重、气动优化和机电加强而逐渐发挥至极限。但以智能构件为主的飞行器是一个飞行机器人，具备智能化的特点：能够根据飞行需要，自适应外界环境的不断变化，实现自驱动的形状改变、性能改变和功能改变。

4D打印技术

智能构件的前瞻性价值高，涉及领域广，能实现构件形状、性能和功能的可控变化，但其结构往往具有复杂化、精细化、轻量化等特点。在智能构件领域，目前缺乏结构设计的基础理论和有效制造方法，缺少满足应用需求的材料体系，尚未建立科学体系框架。正因如此，传统的制造工艺很难甚至无法制造结构复杂、精细的智能构件。

4D打印的研究现状与发展趋势

增材制造技术是近40年来，由新材料技术、制造技术、信息技术等多学科交叉融合发展起来的先进制造技术，它基于构件的CAD模型，通过"逐点成面""逐面成体"的方式，能够实现任意复杂结构的成形。因此，增材制造技术尤其适用于结构复杂的智能构件的成形。智能构件的增材制造技术赋予传统增材制造构件以"智能"特性，给传统的3D打印工艺增加了时间和空间的维度。所以，智能构件的增材制造技术即是4D打印技术。

2. 4D打印技术的内涵

4D打印技术的概念最初是由美国麻省理工学院的Tibbits教授在2013年的TED大会上提出的。他将一个软质长圆柱体放入水中，该物体能自动折成"MIT"的形状，这一演示即是4D打印技术的开端，随后掀起了研究4D打印技术的热潮。

4D打印技术在刚提出的时候被定义为"3D打印＋时间"，即3D打印的构件，随着时间的推移，在外界环境的刺激（如热能、磁场、电场、湿度和pH值等）下，能够自适应地发生形状的改变。由此可见，最初的4D打印技术概念注重的是构件形状的改变，并且认为4D打印是智能材料的3D打印，关键要在3D打印中应用智能材料。

随着研究的深入，4D打印技术的内涵也在不断演变和深化。华中科技大学史玉升教授组织的4D打印技术会议每年举行一次，通过持续不断的交流和论证，专家们认为，4D打印不仅是应用智能材料，还有非智能材料，也应当包括智能结构，即能在构件的特定位置预置应力或者其他信号；4D打印构件的形状、性能和功能不仅能随时间维度发生变化，而且还能随空间维度发生变化，并且这些变化均是可控的。因此，进一步深化的4D打印技术内涵注重在光、电、磁和热等外部因素的激励诱导下，4D打印构件的形状、性能和功能随时空能自主调控，从而满足变形、变性和变功能的应用需求。因此，4D打印技术是增材制造技术的一个分支，它和3D打印技术都属于增材制造技术。

3. 4D打印构件的"三变"

你了解4D打印吗？

4D打印构件能实现形状、性能和功能的可控变化，简称为变形、变性和变功能。这"三变"中只要实现了其中一个，就认为是实现了4D打印。图6-1列举了"三变"的实例。

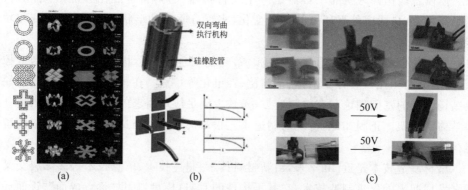

(a)　　　　　　　　　(b)　　　　　　　　　(c)

图6-1　4D打印构件变形、变性和变功能实例
(a) 变形；(b) 变性；(c) 变功能

如图6-1(a)所示，美国MIT的赵选贺教授团队制备了多种具有可编程磁畴的二维平面结构，在外界磁场中，这些平面结构可以发生复杂的变形。如图6-1(b)所示，西安交通大学的李涤尘教授团队研究了离子聚合物-金属复合材料（ionic polymer-metal composites，IPMC）的4D打印技术，通过控制不同电极电压的加载方式，可以使柱状的IPMC发生多自由度弯曲，同时材料的刚度也发生了变化。如图6-1(c)所示，以色列耶路撒冷希伯来大学的Matt Zarek等制备了形状记忆材料

的电子器件,电子器件接入到电路中,通过温度控制器件的变形控制电路的导通与断开。需要注意的是,这"三变"并非相互独立,变功能是变形和变性所导致的结果,具体可分为变形和变性共同导致变功能,以及变形、变性两者其一导致变功能。图 6-1(a)所展示的磁性构件在磁场中的结构变化即是典型的"变形";图 6-1(b)中4D 打印的 IPMC 构件在变形后刚度发生了变化,这即为"变性";图 6-1(c)中通过形状记忆材料变形控制电路的通断,实现了"变功能"。

6.2　4D 打印技术的研究现状

图 6-2 是 Web of Science 关于 4D 打印技术研究论文发表情况的统计。从图 6-2(a)中看出,4D 打印技术的论文发表数量逐年增多;图 6-2(b)表明 4D 打印技术的论文引用量也在逐年增多;图 6-2(c)表明 4D 打印技术的研究主阵地在美国,中国紧随其后,但中国的论文发表数量大约有美国的 50%;图 6-2(d)表明目前研究 4D 打印的工艺以现有常见的 3D 打印工艺为主,主要有熔融沉积成形(FDM)、立体光固化成形(SLA)、墨水直写(direct ink writing,DIW)、喷墨打印(ikjet)、数字光处理(digital light processing,DLP)、激光选区烧结(SLS)和激光选区熔化(SLM)。图 6-3 是 4D 打印技术专利申请情况的统计数据,从图 6-3 中可以看出,2018 年后中国专利申请数量超过其余国家总和。

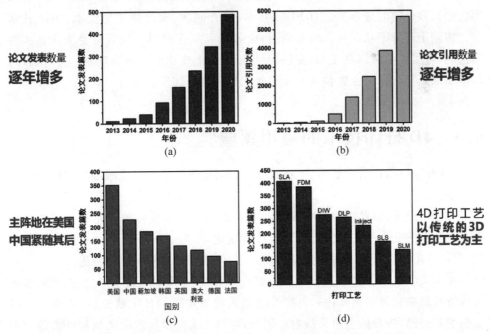

图 6-2　Web of Science 关于 4D 打印技术论文发表的统计数据

(a) 发表数量;(b) 每年的引用数量;(c) 不同国家/地区的发表数量;(d) 使用不同打印工艺的 4D 打印技术发表数量(数据统计时间段为 2013 年 1 月至 2020 年 12 月)

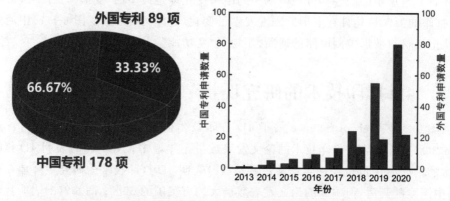

□ 国内外专利申请数量逐年增多，中国进展迅速
□ **中国专利申请数量国际领先，目前占总数的 2/3**
□ **2018年后，中国数量超过其余国家总和**

以专利名称中含有"**4D 打印（4D printing）**"检索

图 6-3   关于 4D 打印技术专利申请的统计数据

（数据统计时间段为 2013 年 1 月至 2020 年 12 月）

4D 打印技术所用材料按属性不同，可分为聚合物、形状记忆合金、陶瓷材料。其中，聚合物又包括形状记忆聚合物、电活性聚合物、水驱动型聚合物等。4D 打印形状记忆聚合物的成形工艺有 FDM 技术、SLA 技术、聚合物喷射技术、DIW 技术等。相较于高分子及其复合材料而言，金属及其复合材料一般具有更为优良的力学性能，可实现承载以及变形、变性、变功能等智能变化的多功能集成。目前 4D 打印金属及其复合材料主要包括各类形状记忆合金及其复合材料。

6.3   4D 打印技术的应用领域

未来4D打
印应用领
域大猜想

4D 打印技术在航空航天、生物医疗、汽车、柔性机器人等领域都具有广泛的应用前景。

在航空航天领域，单一的机翼形状并不能满足飞机在各种飞行状态下的飞行需求，而变形机翼飞机可以随着外界环境变化，柔顺、平滑、自主地不断改变其外形，以适应不同飞行状态的空气动力学需求，保持飞行过程中性能最优。

在航天领域，利用 4D 打印形状记忆合金天线，在发射人造卫星之前，将抛物面天线折叠起来装进卫星体内；火箭升空把人造卫星送到预定轨道后，再利用太阳辐射使其升温，折叠的卫星天线自动展开，可以大大减少所需的机械构件数量和重量，降低卫星发射的体积和重量。利用 4D 打印太阳能阵列面板，在发射之前是折叠状态，发射到太空中后受热再自动展开，可以降低占用空间，节约能耗。

在生物医疗领域,利用 4D 打印技术成形医疗支架,在植入前对其进行变形处理,使之体积最小;在植入人体后,通过施加一定的刺激使其恢复设定的形状以发挥功能,这样可以最大限度地减小患者的伤口面积。利用 4D 打印 NiTi 形状记忆合金也可以用于接骨器,NiTi 形状记忆合金接骨器在手术时无须外加螺丝固定,减轻了对患者的二次损伤,其不仅可以将两段断骨固定,而且在恢复原形状的过程中会产生压缩力,迫使断骨接合在一起。

在汽车领域,智能自修复材料可以大显身手。汽车凭借智能材料,可以"记住"自身原来的形状,甚至可以在汽车发生事故后实现"自我修复"的功能,还可以改变汽车的外观和颜色。4D 打印构件组成的汽车会具有可变的外形,如可调节的天窗和扰流板,汽车可以根据气流改进其空气动力学结构,提升其操纵性能。丰田公司采用 TiNi 基形状记忆合金成形散热器面罩活门,当发动机的温度低于形状记忆合金的响应温度时,形状记忆合金弹簧处于压缩状态,则活门关闭;当发动机温度升高至响应温度以上时,弹簧则为伸长状态,从而活门打开,冷空气可以进入发动机室内。

在柔性机器人领域,可以根据实际需要灵活地改变柔性机器人自身的尺寸和形状,可用于更加复杂的作业中,具有更高的安全性和环境相容性,因此,柔性机器人有巨大的应用价值和前景。例如,通过多重形状记忆聚合物 4D 打印成形出多种仿生机械手结构,在热驱动下,机械手可成功实现螺丝钉的抓取和释放(图 6-4)。

图 6-4　仿生机械手抓取螺丝钉的演示图

6.4　4D 打印关键技术

总体来说,4D 打印技术虽然取得了一定的进步,但仍然存在以下问题:

(1)目前 4D 打印智能构件尚处于演示阶段,大多数结构只能用于实验室展示,缺乏智能构件的设计理论与方法体系,未能将微观变形与宏观性能改变相结合,未能建立 4D 打印智能构件形状-性能-功能一体化可控/自主变化的方法。

(2)4D 打印智能构件形状、性能、功能的时空变化缺乏理论模拟、仿真与预测

4D 打印

等技术手段。

（3）4D打印材料体系匮乏，缺乏满足应用需求的4D打印材料体系；材料工艺匹配性研究欠缺，尚无复杂智能构件的有效制造方法。

（4）目前4D打印构件变形量小、响应速度慢，尚无法满足功能构件可控/自主变化需求，且常规的构件评价方法大都注重力学性能，而智能构件因其具有自适应变化特性，其验证方法区别于常规构件，尚无有效的评价方法与集成验证体系。

针对上述4D打印中存在的问题，本书提出未来将要着重研究的几项4D打印关键技术，具体有以下几个方面：

（1）智能构件的建模、功能预测及优化调控。建立智能构件的设计与理论体系，实现宏观性能、功能变化的自动调控，将智能构件基础设计理论应用于模拟仿真软件，实现对智能构件形状、性能、功能时空变化的预测。

（2）4D打印材料与成形装备。目前能用于4D打印的材料还较少，亟须开发适用于4D打印技术的材料体系，使激励响应的形式多样化，同时提高现有4D打印材料的性能。此外，需要研发适用于4D打印的装备，单一材料的变形能力往往有限，未来将发展多种材料协调变形的4D打印结构。

（3）4D打印材料与工艺的匹配性。4D打印材料经成形构件后，其变形、变性、变功能特性有可能无法达到预期值，在4D打印过程中其性能可能有所损耗。比如，形状记忆合金在SLM成形过后是否还具有记忆性能，记忆性能与传统制造方法有无变化，是否需要进行后处理才能够获得记忆性能，SLM成形的各向异性、孔隙率等是否对形状记忆性能产生影响等，这些都是有待解决的问题。

（4）智能构件的功能实现与评价方法。智能构件具有自适应变化特性，其验证方法区别于常规构件，而目前尚无有效的评价方法与集成验证体系。评价智能构件的质量需要通过尺寸精度、功能特性、力学性能等多方面因素的考量，应当建立起针对智能构件的有效评价体系。

6.5 展望

4D打印在3D打印的基础上引入时间和空间维度，通过对材料和结构的主动设计，使构件的形状、性能和功能在时间和空间维度上能实现可控变化，满足其变形、变性和变功能的应用需求。3D打印技术要求构件的形状、性能和功能稳定，而4D打印技术要求构件具有形状、性能和功能的可控变化。4D打印这种极具颠覆性的新兴制造技术在航空航天、汽车、生物医疗和柔性机器人等领域具备广阔的应用前景。由此可知，4D打印不仅是目前的"能看"，而且将来会逐步实现"能用"。对4D打印的深入研究必将推动材料、机械、力学、信息等学科的进步，为智能材料、非智能材料和智能结构的进一步发展提供新的契机。4D打印研究尚处于增材制造构件形状变化的现象演示阶段，对构件性能和功能的可控变化应当成为今后研究的重点。因此,今后我们需要研究如下内容:4D 打印智能构件的设计理论与方法,4D 打印过程及其智能构件服役过程的模拟仿真技术,4D 打印数据处理与工艺规划技术,4D 打印材料及其材料-工艺-性能-功能的关联模型,4D 打印的工艺与装备,智能构件的有效评测方法和集成验证体系。总之,4D 打印技术尽管处在起步阶段,但在广大科研工作者的不懈努力攻关下,一定能迎来璀璨的明天!

思考题

1. 简述 4D 打印的内涵。
2. 4D 打印主要涉及哪些关键技术?
3. 4D 打印有何意义?

参 考 文 献

[1] 史玉升,伍宏志,闫春泽,等.4D 打印——智能构件的增材制造技术[J].机械工程学报,
      2020 ,56 (15): 1-25.

[2] 史玉升,等.增材制造技术[M].北京:清华大学出版社,2021.

[3] 史玉升,等.激光制造技术[M].北京:机械工业出版社,2012.

[4] 史玉升,张李超,白宇,等.3D 打印技术的发展及其软件实现[J].中国科学:信息科学,
      2015,45(2): 197-203.

[5] YUAN T,PENG X,ZHANG D. Direct rapid prototyping from point cloud data without
      surface reconstruction[J]. Computer-Aided Design and Applications,2018,15(3): 390-398.

[6] MASOOD A,SIDDIQUI R,PINTO M,et al. Tool path generation, for complex surface
      machining, using point cloud data[J]. Procedia CIRP,2015,26: 397-402.

[7] YIN Z W. Direct generation of extended STL file from unorganized point data [J].
      Computer-Aided Design,2011,43(6): 699-706.

[8] LEE S H,KIM H C,HUR S M,et al. STL file generation from measured point data by
      segmentation and Delaunay triangulation [J]. Computer-Aided Design, 2002, 34 (10):
      691-704.

[9] BÉNIÈRE R,SUBSOL G,GESQUIÈRE G,et al. A comprehensive process of reverse
      engineering from 3D meshes to CAD models[J]. Computer-Aided Design,2013,45(11):
      1382-1393.

[10] 陈岩,王士玮,杨周旺,等.FDM 三维打印的支撑结构的设计算法[J].中国科学:信息科
      学,2015,45(02): 259-269.

[11] LEE J,LEE K. Block-based inner support structure generation algorithm for 3D printing
      using fused deposition modeling[J]. The International Journal of Advanced Manufacturing
      Technology,2017,89(5-8): 2151-2163.

[12] EGGERS G,RENAP K. Method and apparatus for automatic support generation for an
      object made by means of a rapid prototype production method: U. S. Patent 8903533[P].
      2014-12-02.

[13] JIN Y,HE Y,FU J. Support generation for additive manufacturing based on sliced data
      [J]. The International Journal of Advanced Manufacturing Technology, 2015, 80 (9):
      2041-2052.

[14] QIAN B,ZHANG L,SHI Y,et al. Support fast generation algorithm based on discrete-
      marking in rapid prototyping[J]. Rapid Prototyping Journal,2011,17: 451-457.

[15] STRANO G, HAO L, EVERSON R M, et al. A new approach to the design and
      optimisation of support structures in additive manufacturing[J]. The International Journal
      of Advanced Manufacturing Technology,2013,66(9): 1247-1254.

[16] DUMAS J,HERGEL J,LEFEBVRE S. Bridging the gap: Automated steady scaffoldings
      for 3D printing[J]. ACM Transactions on Graphics(TOG),2014,33(4): 1-10.

[17] CHEN Y,LI K,QIAN X. Direct geometry processing for tele-fabrication[J]. Journal of

Computing and Information Science in Engineering,2013,4(13)：411-424.

[18] VANEK J,GALICIA J A G,BENES B. Clever support：Efficient support structure generation for digital fabrication[C]//Computer Graphics Forum. 2014,33(5)：117-125.

[19] 魏潇然,耿国华,张雨禾.熔丝沉积制造中稳固低耗支撑结构生成[J].自动化学报,2016, 42(1)：98-106.

[20] 宋国华,敬石开,许文婷,等.面向熔融沉积成型的树状支撑结构生成设计方法[J].计算机集成制造系统,2016,22(3)：583-588.

[21] ZHANG N,ZHANG L C,CHEN Y,et al. Local barycenter based efficient tree-support generation for 3D printing[J]. Computer-Aided Design,2019,115：277-292.

[22] WANG W,CHAO H,TONG J,et al. Saliency-preserving slicing optimization for effective 3D printing[C]//Computer Graphics Forum,2015,34(6)：148-160.

[23] KWOK T H. Comparing slicing technologies for digital light processing printing[J]. Journal of Computing and Information Science in Engineering,2019,4:19.

[24] 张李超,张楠.3D打印数据格式[M].武汉：华中科技大学出版社,2019.

[25] MAO H,KWOK T,CHEN Y,et al. Adaptive slicing based on efficient profile analysis [J]. Computer-Aided Design,2019,107：89-101.

[26] 张李超,张楠,何森,等.一种自适应分层的增材制造方法.CN201710766233.6[P].2019-09-27.

[27] 张李超,牛其华,史玉升,等.一种基于体素化的多支管钢节点制造路径规划方法. CN201710924316.3[P].2018-02-09.

[28] 张李超,李子健,王森林,等.一种3D打印中采用连续可变光斑扫描加工的方法. CN201910199512.8[P].2020-05-19.

[29] 张李超,何森,赵祖烨,等.一种用于多激光SLM成形装置的负载均衡扫描成形方法. CN201710862553.1[P].2019-03-05.

[30] 张李超,盛伟,徐捷,等.一种实时可变宽度的3D打印路径构造方法.CN201910073271.2 [P].2019-12-20.

[31] TIBBITS S. The emergence of 4D printing[C/OL]//[2013-02]http://ted. con/talks/ skylar_tibbits_the_emergence_of_4d_printing.

[32] KUANG X,ROACH D J,WU J,et al. Advances in 4D printing：Materials and applications [J]. Advanced Functional Materials,2019,29(2)：1805290.

[33] MOMENI F,LIU X,NI J. A review of 4D printing[J]. Materials & Design,2017,122： 42-79.

[34] LI X,SHANG J,WANG Z. Intelligent materials：Areview of applications in 4D printing [J]. Assembly Automation,2017,37(2)：170-185.